U0218506

水稻

　　我们的科学研究，竟然还远不及一片小叶子。植物依赖根部吸收水分和空气中的二氧化碳，在叶片内进行光合作用，借助阳光合成葡萄糖和淀粉。例如，1 粒水稻种子在秋天能够生长成为 1 株完整的植株，一般可以结出 1 穗稻谷。而每 1 穗稻谷至少能够孕育出 80 粒稻谷。这种生长的力量，正是来源于神奇的"光合作用"。

枫叶

　　枫叶要想变成漂亮的红色，首先需要满足的条件就是湿度达标。枫叶中的红色素并非一直存在，而是逐渐生成的。尽管这种生成可以称之为"新生"，但实际上，变红是枫叶逐渐衰老的体现。在湿度较低、较为干燥的情况下，叶片会加速衰老。枫叶要想缓慢老化并使叶片呈现美丽的红色，就必须保持较高的湿度。

王莲

　　白色的花朵对昆虫来说很显眼，而红色却难以引起它们的注意。王莲连续两天在黄昏时分绽放同一朵花：初次绽放时，花瓣为白色，会释放出浓郁的香气，吸引昆虫前来探访，昆虫走后花瓣会合拢；当第二次绽放时，花瓣染上淡红，但昆虫对红色并不敏感，因此它们并不会靠近。

梅花

　　植物香气的迷人之处在于，它既能令人陶醉，又能随风远扬。梅花不仅芬芳远溢，且香气持久而丰富。这种香气是由一种叫做"γ-癸内酯"的物质组成的。

植物气味的秘密

大岛樱

　　大岛樱从叶片中所释放的香气，实际上是一种自我保护的机制，这种香气可以用来抵御昆虫的侵害。大岛樱的叶子可以用来制作樱花糯米饼，经过盐渍处理的大岛樱叶，会释放出一种名为香豆素（Coumarin）的芳香物质。当叶片被昆虫啃食的时候，它们便会释放出含有香豆素的气味，以抵御昆虫进一步的侵害。

杜鹃花

　　植物会告诉访花的昆虫哪里有花蜜。杜鹃花花瓣或天竺葵花瓣上点缀的斑点，就是指引昆虫寻找花蜜的路标。当然，当昆虫按照这些斑点的指引找到花蜜时，身上自然而然也会沾上花粉。

植物味道的秘密

酢浆草

　　植物常用令昆虫与鸟类讨厌的味道来保护自己。为了不被昆虫和鸟类吃掉，植物在味道上下足了功夫。例如，尽管被人类看作是杂草，为了让自己难以下咽，酢浆草叶子上也会带有草酸的酸味。

长蒴黄麻

　　植物为了不被吃掉，会让自身带有毒性。长蒴黄麻是一种非常有营养的蔬菜，人们不论吃多少它的叶子都没问题。可是，一旦它开了花结了种子，就不能吃了，因为长蒴黄麻会产生一种名为羊角拗的毒毛旋花子糖苷配基（Strophanthidin）的有毒物质。植物往往通过这种方式来保护自己。

请和门外的花
坐一会儿

[日]田中修 著　袁月 译

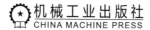

机械工业出版社
CHINA MACHINE PRESS

本书深入探索了植物世界的奇妙奥秘，揭示了它们独特的生存策略、多彩的颜色、迷人的气味、多样的味道以及强大的保护机制。同时，本书还探讨了植物与人类生活的紧密联系，展示了植物在维持生态平衡、促进人类健康等方面所起的重要作用。通过阅读本书，读者不仅能深入了解植物的生物学特性，还能激发对自然的好奇心和保护意识。

本书适合爱好自然和追求健康的广大读者阅读。

DAREKANI HANASHITAKUNARU SHOKUBUTSUTACHI NO HIMITSU
Copyright © Osamu Tanaka 2023
First published in Japan in 2023 by DAIWA SHOBO Co., Ltd.
Simplified Chinese translation rights arranged with DAIWA SHOBO Co., Ltd.
through Copyright Agency of China, Ltd .
Chinese edition copyright © 2024 by China Machine Press Co., LTD

北京市版权局著作权合同登记　图字：01-2024-0857 号。

图书在版编目（CIP）数据

请和门外的花坐一会儿 / （日）田中修著；袁月译.
北京：机械工业出版社，2025.1. -- ISBN 978-7-111
-77029-9

Ⅰ. Q94-49

中国国家版本馆CIP数据核字第2024EN0809号

机械工业出版社（北京市百万庄大街22号　邮政编码100037）
策划编辑：兰　梅　　　　责任编辑：兰　梅
责任校对：张爱妮　李　婷　　责任印制：单爱军
保定市中画美凯印刷有限公司印刷
2025年1月第1版第1次印刷
145mm×210mm · 5.5印张 · 4插页 · 98千字
标准书号：ISBN 978-7-111-77029-9
定价：49.80元

电话服务　　　　　　　　　网络服务
客服电话：010-88361066　　机　工　官　网：www. cmpbook. com
　　　　　010-88379833　　机　工　官　博：weibo. com/cmp1952
　　　　　010-68326294　　金　书　网：www. golden-book. com
封底无防伪标均为盗版　　机工教育服务网：www. cmpedu. com

前　言

　　本书的主题是探讨植物的"魅力"。植物充满魅力。它们拥有鲜绿的叶，艳丽的花，又散发着迷人的气味。蔬菜和水果更是美味可口。

　　这样的描述足以让很多人相信植物的魅力。然而，若我们更深入地观察植物，便会发现它们的魅力多种多样且极具个性。

　　例如，叶片并非仅仅可以用"鲜绿"一词来形容。每种植物的叶片都有其独特的形状、大小、厚度、光泽度等特征，这些特征使得它们与众不同。树叶会随着季节的变换，从新绿逐渐过渡到深绿，甚至变为黄色或红色，展现出不同的色彩魅力。

　　而每种植物的花朵，也各有其独特的颜色、形状和大小，散发着各不相同的气味，甚至花蜜的味道也各有千秋。它们在一年中的开花时间各不相同，我们便也能因花开花落感受到时光的流逝。

提起蔬菜和水果，我们常说它们"能让我们品尝到美味"。然而，不同的蔬菜或水果味道各异，它们有的甜，有的酸，还有的略带苦涩，风味万千。欣赏这些植物的有趣之处其实并不难：我们可以用眼睛去欣赏，用鼻子去嗅闻，用嘴巴去品味。

不过，并非所有植物的有趣之处都显而易见。每种植物都有其独特的生存策略，这样的策略隐藏于引人注目的魅力之下，产生了独特的物质。例如，即便被吃掉、砍伐或折断，植物也有能力重新生长，这种能力得益于其强大的再生机制。它们还有保护领地的机制，并为此产生相应的物质。正是这些机制和物质，赋予了植物旺盛的生命力，也让我们对它们神秘的生存方式充满好奇。

每种植物都能展现出其独特、鲜明和多变的魅力，并将其发挥得淋漓尽致。理解了这一点，我们不禁会提出一个简单的问题：为何植物必须具备这些独特的魅力呢？答案可以从三个方面来概括。

首先，是植物的繁殖机制。植物的花朵之所以大多拥有美丽的色彩、芬芳的气味以及可口的花蜜，主要是为了吸引蜜蜂和蝴蝶等昆虫前来授粉，进而传播种子。同样，植物的果实也通过其色彩和气味来吸引动物食用并帮助散播种子。

其次，植物具备自我保护和生存的能力。植物在陆地上已经生存了约 4.7 亿年，它们通过特定的气味、味道甚至是其他看不见的机制和物质，有效地保护自身，以便可以在各种环境中生存。最后，植物与我们人类在诸多方面都紧密相连。植物不仅为人类提供食物，维系着我们的健康，还守护着地球的环境，为人类提供能源。另外，植物也常作为歌曲和绘画的创作素材和灵感，融入我们的日常生活。植物的故事与旺盛的生命力，也成为我们日常谈论的话题。

本书介绍了植物那些充满魅力的故事和其背后的秘密，相信这些内容会让你忍不住想要与人分享。

植物的话题似乎永远都聊不完。然而，本书所能涵盖的也只是冰山一角。但我衷心希望，这些内容能够点燃更多人对植物的兴趣，加深他们对植物的了解，并持续关注植物的生存之道。我们期待这本书能成为一个起点，让我们通过领略植物的魅力，回顾人类与植物之间千丝万缕的联系，并在未来的生活和社会中，思考与植物相处的方式。

田中修
2023 年 1 月

目　录

第 2 章　植物颜色的秘密

第3章　植物气味的秘密

第4章　植物味道的秘密

第5章 植物"防身术"的秘密

桂花

第 1 章

请坐下来观察植物
神奇的力量

植物独特的生存之道

不需要走动就能生存

植物学有许多不同的研究领域，我专攻其中的植物生理学领域。可能很多人对这个领域不太熟悉，因此，常有人会问我："这个领域主要研究什么？"我则解释道："这个领域致力于探寻植物独特的生存方式。"他们又问："植物也有生存方式吗？"植物确实有自己的生存方式。

举例来说，我们试着将植物与动物（包括人类）的生活方式进行比较，会发现许多不同之处，最为显著的是植物不会四处走动。人类常用"植物不能走动"来描述它们，仿佛能够走动的动物就更高级、更优越，这种说法带有一种傲慢。

但植物并非不能走动。如果有机会表达自己的想法，它们可能会说："不是我们不能走动，而是我们不需要走动。"我们没有必要去评判"不动的生活方式"或"能动的生活方式"孰优孰劣，只需明白，植物也有一种适应其生存环境的、不需要走动的生活方式。

然而，要探究它们是真的不能走动，还是真的不需要走动，其实并不难。这个问题可以通过简单易懂的思考来验证。之所以这么说，是因为动物也不会无缘无故地四处乱窜。

思考一下，为什么动物会到处活动，而植物在每个生长阶段又都在做什么，我们就能明白：植物是否会因为无法移动而被迫生活在某种不利的环境中，还是说它们真的不需要移动？所以，请大家思考一下"动物为什么要到处活动"。

想必每个人都会想到，动物活动的一个重要原因就是为了寻找食物。能量是所有生物生存的必需品，而食物是获得能量的途径。这就是动物四处奔波去觅食的原因。然而，植物则利用根部吸收的水分和空气中的二氧化碳，借助太阳光合成葡萄糖和淀粉，这个过程称为"光合作用"。光合作用产生的淀粉，正是大米、小麦和玉米等人类日常主食的主要成分。而葡萄糖，同样是一种重要的能量来源。如果你生病了，食欲不振，你可能会去医院接受静脉注射，这时，请看看上面挂着的输液袋。袋子上面写着"葡萄糖"，或者英文"glucose"。葡萄糖是生命的能量来源。

植物自己制造葡萄糖、淀粉和其他物质，提供它们生存所需的能量。因此，它们不必像动物那样四处寻找食物。或许在植物看来，动物才是可怜的生物，需要不停地寻找食物。植物只需通过利用根部吸收的水分和空气中的二氧化碳，在太阳光的照射下产生养分就能维持生命。借助于水、二氧化碳和阳光，植物完全可以自给自足。

有人可能会反驳："它们也并不是完全自给自足，我们在种植植物时不是也给予了水和肥料吗？"但人类这么做，更多的是出于自身的目的。

我们给植物浇水施肥，是希望它们长得更好、产量更高、结出美味的蔬菜和水果，或者开出美丽的花朵。对于大自然中的植物来说，即使人类不浇水施肥，它们往往也能够自给自足，不会轻易死亡。

动物四处活动的另一个原因是寻找交配对象，繁衍后代。许多动物需要通过雌雄交配来延续种群。因此，它们需要四处寻找合适的伴侣。我们人类也不例外，这也使得我们为此四处奔波，投入大量时间。

那植物又是如何做的呢？植物并不需要四处奔波来繁衍后代。它们吸引蜜蜂、蝴蝶和鸟类来为其传播花粉。植物在颜色、气味和味道上都下足了功夫，以此来吸引这些传播花粉的使者。

动物走动的第三个原因是保护自己的身体。因此，动物在不同情境下会采取各种行动。当阳光强烈时，它们可能会躲避光线，转移到阴凉处。如果感觉到身处危险，动物会迅速逃往安全的地方。

而在本书中，我们会通过颜色、气味、味道和其他生存机制的例子，阐述植物如何在不走动的情况下应对这一挑战。

为了过上硕果累累的一生

每种植物都在自然环境中稳固地、自给自足地生活着。我们人类则与同伴分工合作，彼此扶持，相互依赖，紧密地生活在一起。因此，许多人认为"自给自足、不四处迁徙"或"独自生活在大自然中"是一种单调且孤独的生活方式。

人们不禁要问："难道植物之间没有联结和互动吗？"

诚然，植物自给自足，相互之间看似没有联系，但事实并非如此。植物不仅会在意自己的同类，还会与其他植物保持联系，维系着一种错综复杂的关系。"硕果累累的一生"象征着植物之间的联结。"硕果累累"意为结出的丰硕果实。对于人类而言，这也常用来祝福年轻人步入社会或开启新生活，寓意着生活的丰收和充实。

然而，尽管这个词被频繁使用，人们却很少知道，植物要想结出丰硕的果实，最关键的要素是什么。你认为是什么呢？许多植物依靠蜜蜂、蝴蝶和鸟类传递花粉才能开花结果。为了确保硕果累累，它们必须生产大量花粉，才能有效地吸引这些传粉者。我们可能会认为，只要植物开出美丽、硕大、芳香的花朵就能吸引传粉者。然而，即使能开出那样的花，如果植物不能与其他植株交换花粉，也不会结出丰硕的果实。

植物要想收获累累硕果，最重要的是确保同类植物在同一季节开花。因此，植物的开花季节都是由其所属的类群决定的。例如，油菜花和郁金香在春天开花；牵牛花、向日葵和紫茉莉会在夏天绽放；秋天则是菊花和波斯菊的主场。同类植物在每年的同一时间集体开花，以便与同类花朵交换花粉。不过，花季的持续时间其实相当长。即使我们知道某种花是在春天开放，早开的花和晚开的花也不会相遇。因此，仅仅在同一季节开花并不足以确保花粉的交换。

因此，花期短的植物的开花时间并不以季节为维度，而是只在某一特定日期绽放。重要的是，它们会与"朋友"约定好，在同一日期共同开花。

以染井吉野（一种樱花的品种）为例，它在日本被誉为"春之花"，但并非整个春天都会盛开。在我居住的京都，染井吉野的花期通常集中在3月下旬到4月上旬，大约只开10天的花，开花时间会因年份不同而有所延后或提前。

每种植物都有其特定的开花时间：在日本，山茱萸是5

月中旬，紫藤是 5 月下旬，绣球花是 6 月上旬，栀子花则是 6 月下旬，彼岸花只在秋分前后才开。桂花在秋季盛开，其独特的香味令人难以忘怀，因此被誉为"秋之香"。正因为其香味深入人心，人们总是以为桂花在秋天的开放时间好像很长。然而事实上，这种香味在秋天只存在很短的一段时间。桂花的花期出人意料地短暂，比如在日本关西地区，只有 10 月初的 10 天左右。

即使确定了季节和日子，仍然有一些植物担忧它们是否能完成花粉交换。这些植物的花期很短，花在开后一天内就会迅速枯萎，寿命极短。它们不仅会根据季节或日期来开花，还会与同类植物"商定"一天中的特定时间来一起开花。例如，牵牛花通常在早晨绽放；而月见草则在傍晚时分开花；昙花更是在晚上 10 点左右绽放；紫茉莉在英语里被称为"4 点钟"（Four o'clock），顾名思义下午 4 点左右开花，在日本，它们则是夏季傍晚 6 点左右绽放。

植物之所以选择在同一季节、每月的同一天、每天的同一时一起开花，是为了能结出丰硕的果实。对于植物而言，要想"硕果累累"，最重要的便是"与同类的互动"。

植物间的互动是如此重要，人类也应当从中汲取智慧。我们必须珍惜与伙伴之间的互动，才能通过卓有成效的工作和活动，拥有硕果累累的生活。伙伴有很多种，可能是同一单位的同事，可能是合作方，可能是拥有共同兴趣爱好的朋友等。只有与这样的伙伴协力，我们才能实现目标，让我们的生活充满硕果。

植物非常重视与自己同属植物的交互联结，但更令人惊奇的是，它们还会与其他种类的植物建立联系。

与其他植物的联结很重要

许多植物依靠蜜蜂和蝴蝶等昆虫将花粉传给后代。因此，如果所有种类花朵同时绽放，吸引昆虫的竞争就会变得异常激烈。因此，植物采取了一种方法，即与其他种类的植物略微错开开花的季节和时间。

早春，水仙和福寿草（辽吉侧金盏花）开花，接着是油菜花和蒲公英，再接下来是紫云英、樱花和紫藤等。尽管它们都在春天开花，但樱花、日本辛夷、大花四照花和杜鹃花的开花时间也略有不同，在同一地区会略微错开盛开时间。初夏时节，康乃馨、栀子花和绣球花盛开；而牵牛花、向日葵和紫茉莉在盛夏开花；秋天则是彼岸花和桂花盛开的季节，它们都会略微错开时间开花。

许多植物具有错开开花时间的特性，这一特性在"花日历"中得到了生动地体现。花日历有许多种类，其中一种是按照月份展示哪些木本和草本在哪个月开花。这意味着许多植物是错开月份开花的。

除了错开季节和月份外，有些植物还会在同一季节、同一月份甚至同一天错开时间绽放。牵牛花在清晨开放，月见草在傍晚开放，昙花在晚上 10 点左右开放，它们都会错开开花时间。这些特性成为"花钟"的象征，我们在公园和游乐园里都能看到这样的"花钟"。

"花钟"指的是用花装饰的钟表，花钟的表盘是一个花坛，花钟上的指针在花坛上转动。然而，最初的"花钟"并不仅仅是指针转动的时钟。在花坛的每个时间位置上，都种植了那个时刻会开放的花朵，通过观察当时开放的花朵，人们就能知道大致的时间。

花钟展示了各种植物会在何时开花，也意味着更重要的事情：通过与其他植物错开开花时间，植物避免了不必要的竞争。这样，植物不仅与同类及其他物种建立联系，更与蜜蜂、蝴蝶、鸟类等动物相互依存，作为自然界中的同伴，共同生活。

花钟：自然界的报时器

1957 年 4 月，日本第一个花钟在兵库县神户市政府北侧建成。这个花钟由一个形似钟面的花坛构成，上面种植了约3000 株植物，花坛中央设有转动的指针。继神户花钟之后，日本各地的公园和游乐园也纷纷效仿，建造了类似的花钟。其中，1982 年北海道十胜丘公园内的"花 C（Hana C）"，当时被吉尼斯世界纪录认定为"世界上最大的花钟"，它由"花"和"C"（时钟的英文 Clock 的首字母）组合而来。这座花钟的直径达 18 米，而最长的秒针长度更是长达 10.1 米。1991 年，静冈县伊豆的土肥温泉建成了一座更大的花钟，超越了"花C"，并在 1992 年被吉尼斯世界纪录认证为"世界上最大的花钟"。这座花钟直径达 31 米，最长的分针长达 12.5 米。

这些在大型花坛上转动指针的花钟引起了人们的关注，然而真正的"花钟"是瑞典植物学家林奈在 18 世纪发明的。真正的花钟并非依靠指针转动来指示时间，而是在花坛的每一个时间位置上种植了当时会开花的植物。人们通过观察特定位置的花朵开放情况，就能判断出时间。

花钟象征着各种植物在一天中的不同时间绽放的特性。了解这一点后，人们主要会有三个问题。

第一个问题是：为什么同一物种的植物会在同一时间开花？这是因为如果同类花朵没有同时开放，蜜蜂、蝴蝶、鸟类等授粉者就无法有效地进行植物同类间的授粉。同类植物同时开花，是为了确保花粉能够顺利交换，从而产生种子，繁衍后代。

第二个问题是：不同种类的植物在不同时间开花有什么意义？这主要是为了尽量避免蜜蜂和蝴蝶等授粉者的竞争。如果所有植物都在同一时间开花，竞争就会非常激烈。因此，不同植物的开花时间是错开的。例如，牵牛花早晨开放，月见草在傍晚开放，昙花则在晚上 10 点左右开放。

第三个问题是：植物如何在特定时间开花？答案是"植物能够感受到一些刺激，这些刺激会告诉它们当时的时间"。你可能会想，在自然界，植物开花并没有受到任何刺激。然而，在自然界中，花苞能感受到一天中的温度变化和昼夜的明暗变化，这些变化将成为刺激花苞开花的信号。

与蜜蜂、蝴蝶和小鸟的联结也相当重要

很多常见的花朵都拥有色彩鲜艳、美丽的花瓣，我们往往不会深究它们背后的意义。然而，自从拥有美丽花瓣的花首次出现以来，植物界已经历了漫长的演化历程。

花瓣颜色艳丽的花朵会吸引蜜蜂和蝴蝶来传递花粉。山茶花、枇杷和茶梅等植物的花粉则由日本绣眼鸟、栗耳短脚鹎等鸟类来传递。

植物并不只是为了能开出美丽的花朵，更是为了与昆虫和鸟类建立联系进而传递花粉。为了吸引这些传粉者，它们展现出色彩美丽、形状各异的花瓣，并散发出芳香，还特意准备了昆虫和鸟类喜欢的花蜜。

第一种可以开出美丽花朵的植物是被子植物，而此前出现的苔藓植物和蕨类植物则不会开花。

最先开花的是松树、杉木、日本扁柏等裸子植物。然而，裸子植物虽然开花，但它们的花朵通常并不引人注目。因此，除了少数植物例外（如苏铁），它们主要依赖风力来传播花粉。

随后出现的被子植物，则首次开出了有美丽花瓣的花朵。相比让花粉随风飘散的裸子植物，被子植物能够更有效地与动物进行互动传粉。

被子植物通过增强与动物的互动，不仅开出了美丽的花朵，还结出了美味的果实。果实内含有种子，因此，当动物食用这些果实后，种子就会随着动物的排泄散播开来。这样一来，植物就能在不移动的情况下扩大其生长范围。并非所有开花植物的种子都伴有美味的果肉。有些植物的种子能够随风飘散，如蒲公英；有些则能自行散播，如凤仙花和酢浆草；还有一些植物，如苍耳和牛膝，通过将种子附着在动物身上来传播种子，然后动物会将种子散播到四面八方，从而扩展它们的生存空间。

通过与动物建立深厚的关系并利用动物的特性，被子植物不仅提升了自身的繁殖能力，还扩大了生存范围。并且，它们与所到之处的风土融合，被子植物的种类也得到丰富并不断繁殖。

除了那些为我们生产食物的禾本科植物，人类主要利用的是那些可以绽放美丽花朵的植物，以及能结出丰硕果实的蔬菜和水果。或者说，这些植物以其美丽的花朵赢得人们的喜爱与赞美，它们与裸子植物不同，与动物建立了紧密关系。因此，这些植物的种植面积不断扩大，种类也越来越多，我们与它们的关系越发密切。据统计，目前被子植物约有 25 万种，而裸子植物仅有约 800 种。

　　植物不仅重视与自身和其他种类植物的联系，也重视与动物的联系，并利用这种关系促进自身的繁衍。不仅如此，它们还与我们人类和谐共生，共同繁荣。下一篇，我将介绍人类与植物之间的关系。

人类与植物的关系

植物是我们生活的基石

当我谈到植物对人类的意义时，我常常会说："没有植物，我们人类就无法生存。"或者"植物支持着我们生活的方方面面"，又或者"我们的生命依赖于植物的存在"。对此，人们有时会质疑：难道植物真的那么了不起吗？或者会有人反驳："你是不是过分夸大了植物的作用？"然而，说"我们人类离不开植物"一点也不为过。植物在诸多领域与人类有着千丝万缕的联系，为了让大家更好地理解这些联系，我将从以下六个方面介绍植物的作用。

第一，植物为生活在地球上的所有动物提供食物，包括我们人类。有人可能会问："那肉食动物呢？它们不是吃其他动物吗？"我要解释的是，如果追溯这些肉食动物的食物链，最终还是会回到植物。通过这样的解释，人们便能够理解，地球上的所有动物都是由植物滋养的。如果人类消失了，植物或许不会受到太大影响，但若是植物消失，地球上的所有动物，包括人类在内，都将面临饥饿死亡的威胁。

第二，植物作为蔬菜和水果，对我们的健康至关重要。自古以来，食用植物就是我们面对饥饿问题的主要解决方式，同时也为我们带来了美味。人们对食物的要求不仅仅是要充饥，更希望食物能带来健康。长久以来，蔬菜和水果都满足了人们的前一需求，而近年来，为了让蔬菜和水果更加富有营养，人们甚至在开发并改良品种。

第三，植物在维护人类和其他动物生存的环境方面扮演着至关重要的角色。特别是对我们人类而言，植物更是不可或缺。在大自然壮丽的景观中，植物构筑了森林、山脉，并与天空、海洋相互映衬。植物不仅在自然中占据一席之地，它们在调节大气中二氧化碳浓度、缓解气候变暖问题上也发挥着举足轻重的作用。

第四，植物还是能量的源泉。煤炭、石油等化石燃料，其根源都可以追溯到远古时期的植物。过去，人们把枯树等植物材料作为日常燃料，近年来，人们用玉米和甘蔗生产出生物乙醇，用来作为驱动汽车的燃料。另外，从油菜籽中提取的菜籽油，除了可以烹饪天妇罗外，还可进一步加工成生物柴油，供汽车和公交车使用。

第五，植物在人类文化活动中占据重要地位。自古以来，我们就对植物怀有深厚的情感，为植物作画，在童谣中吟唱植物，创作关于植物的诗歌，生活中处处都有植物的影子。例如，在《万叶集》《古今和歌集》和《百人一首》等经典作品中，就有很多对植物的吟咏。许多植物不仅出现在绘画作品中，还通过民间传说流传下来，如"春之七草"和"秋之七草"[○]，植物让季节更加富有魅力。

第六，植物不仅是人类日常生活的实用材料，更是我们心灵的寄托。当有人遭遇悲伤时，我们会献上鲜花以寄托哀思；当有人分享喜悦时，我们会用鲜花来增添气氛。植物治愈着我们的心灵。人类在许多方面都受到植物的恩惠，没有植物，就没有人类。因此，21世纪被称为人类与植物共生共荣的时代。在下一篇中，我将通过一些更具体的例子来进一步阐述这些关系。

○ 日本民间常有"春之七草"和"秋之七草"的说法，"春之七草"象征春天熬七草粥，享受"食"的乐趣；而"秋之七草"指的则是秋天赏七草之花的乐趣。"春之七草"包含水芹、荠菜、拟鼠麴草、繁缕、宝盖草、芜菁、萝卜；"秋之七草"包含胡枝子、芒、粉葛、河原石竹、败酱、白头婆、桔梗。——译者注

我们的科学研究，
竟然还远不及一片小小的叶子

植物种子发芽后，新芽会迅速生长。看着植物的这种生长速度，古人感到十分惊讶，他们不禁要问："植物什么都不吃，怎么能长得这么好呢？"对此，古希腊哲学家亚里士多德解释说："植物依靠隐藏在土壤中的根悄然进食。"在很长一段时间里，古人都是这样认为的。然而，在历史的长河中，也有人对植物究竟用根吃什么产生了疑问，并对此进行了探究。但他们没有找到答案，这是因为植物摄取的并非我们人类所吃的食物。

现在，"植物什么都不吃，怎么能长得这么好"这个问题已经有了答案。植物利用从根部吸收的水分和空气中的二氧化碳，利用叶片借助太阳光进行光合作用，从而合成葡萄糖和淀粉。这一过程被人们称为"光合作用"，我们在小学和中学时就学习过这一生物反应。因此，我们认为光合作用是植物理所当然的反应，而不再过多思考。但现在，请重新想一想光合作用的力量。

如果你在春天种下 1 粒水稻种子，到了秋天，它会变成多少粒稻谷呢？水稻是光合作用的产物，其生长状况可谓光合作用力量的直观体现。1 粒水稻种子在秋天会长成 1 株稻秧，大约会结出 20 个稻穗，每个稻穗至少能结出 80 粒稻谷。也就是说，从春天到秋天的约 6 个月里，1 粒稻谷变成了 1600 粒稻谷！

话虽如此，但具体增加多少，却很难让人有实感。因此，我们对这种增长并不以为然。但是，如果这么想：春去秋来 6 个月里，1 万日元（约合人民币 500 元）变成 1600 万日元（约合人民币 80 万元），这种增长就变得直观起来。如果还没有实感和冲击力，那就再试试提高本金：从春天到秋天的 6 个月里，10 万日元（约合人民币 5000 元）变成了 1.6 亿日元（约合人民币 800 万元）！这便是植物光合作用的强大力量。

这就是为什么植物能为世界上所有饥饿的人提供食物。不仅是人类，地球上所有动物的食物来源也离不开植物。而构成这些食物的材料仅仅是水和空气中的二氧化碳，其反应能量则来源于太阳光。这些都是源源不断、无须成本的天然资源，且安全无害。

倘若人类能够模拟出这样的反应，那么地球上的食物短缺和饥饿问题将不复存在。此外，全球变暖的环境问题也将迎刃而解。通过将大气中浓度不断上升、被认为是导致温室效应罪魁祸首的二氧化碳转化为淀粉储存起来，我们可以有效降低其浓度。而且，现在人类已经能用玉米制成的生物乙醇驾驶汽车，这种科学进展也解决了一部分能源短缺问题。

虽然我们常常自豪于这个时代的科学发展，认为模仿植物小叶子的反应易如反掌，但事实上，我们至今仍然无法模仿光合作用，也不知道应该制造怎样的设备来实现这一反应。现代科学技术连一片小小叶子的反应也无法模拟。

我们引以为傲的科学发展，甚至还远不及一片小叶子。因此，在植物面前，我们必须保持谦卑，向它们学习更多的东西。

植物的伟大力量

为所有动物提供食物

包括我们人类在内，地球上所有动物的食物都是由植物提供的。但是，据说世界上仍有 7 亿~8 亿人面临食物短缺的困境。这意味着人类的食物供应仍远远不足。不禁让人产生疑问："植物提供了所有食物"这一说法是否过于夸大了？关于这个问题，我们来一起认真思考一下。

水稻、小麦和玉米，被誉为"世界三大谷物"，是全球大多数人的主食来源。水稻主要在亚洲地区种植，被大量亚洲人作为主食；小麦则在欧洲广泛种植，用于制作面包等食品；而玉米则在美国大量种植，深受当地人的喜爱。这三种谷物每年的产量都不会有太大的变化。据统计数据显示，2019 年全球范围内的玉米年产量约为 11.5 亿吨，大米约为 7.6 亿吨，小麦约为 7.7 亿吨。尽管它们每年的产量会有所波动，但全球谷物的年度总产量大致稳定在 26.8 亿吨左右。

那么，如果将这三大谷物的产量平分给全世界的人们，每人又能分到多少呢？根据联合国经济和社会事务部在 2022 年 7 月 11 日世界人口日公布的数据，世界人口预计于 2022 年 11 月 15 日突破 80 亿。若将 26.8 亿吨的谷物产量均分给这 80 亿人，每人将分得约 330 千克的粮食。

那么，一个人一年需要多少粮食才能维持基本生存呢？在日本，曾有一个计量单位叫"一石"，它大致代表了一个人一年所需的谷物量，一石大约相当于 150 千克。如果每人每年能得到 330 千克的谷物供应，那么地球上绝不会出现食物短缺的现象。

那么，为何"全球仍有 7 亿~8 亿人面临粮食短缺"呢？原因在于很多人选择食用肉类。虽然同样是 1 千克，但食用 1 千克大米、小麦或玉米与食用 1 千克肉的意义截然不同。为获得 1 千克肉所需的饲料谷物重量被称为"饲料效率"。这个数值会根据饲养动物的品种有所不同，但一般来说，为了获得 1 千克鸡肉需要 2~3 千克谷物，为了获得 1 千克猪肉需要 4~5 千克谷物，而为了获得 1 千克牛肉则需要 7~8 千克谷物。

影响肉类价格的因素众多，但其中饲养动物所需的饲料成本成为最大的因素。根据饲料效率，那些需要更多谷物

（如玉米）来饲养的动物，其肉价自然更高。因此，家禽、猪肉和牛肉的价格依次递增。

实际上，植物生产的粮食足以养活世界上的每一个人，是人们的消费方式导致了 7 亿~8 亿人的粮食短缺。发达国家对牛肉的大量消费，间接导致了发展中国家的粮食短缺。

在质疑植物力量是否被高估之前，我们更应反思自己的生活方式。

守护人类健康

植物作为食物，满足着人类的口腹之欲。在过去，它们也许只是填饱我们的肚子而已；但近年来，它们的作用已远不止于此。植物的美味和营养健康价值越来越受到人们的重视。蔬菜和水果正好迎合了这些需求，它们以丰富的口感滋养着我们的味蕾，以充足的营养成分呵护着我们的健康。

我常常会这样去介绍植物："尽管与人类相比，植物的生命可能显得微不足道。但植物同样是生命，它们和我们一样，遵循相同的生存机制，面临同样的烦恼，并每天努力解决这些问题。"然而，当我这样表达时，有时会有人提出疑问，询问人类和植物所面临的"同样的烦恼"究竟是指什么。其实，这并不难理解。

大约在 40 亿年前，植物的祖先诞生于海洋中。它们抬头仰望，只见那明亮的太阳熠熠生辉。"如果能走出海洋，登上陆地，就能在明亮的阳光下通过光合作用产生越来越多的养分，繁衍后代。所以，我们一定要上岸。"植物的祖先一定非常崇拜耀眼的太阳。

直到大约 4.7 亿年前，它们终于成功登陆，结束了在海洋中长达 35 亿年幽暗的生活，植物在陆地上与梦寐以求的太阳相见。但是，相遇之后植物才发现，它们憧憬的太阳并没有那么温柔。原来，太阳光中蕴含着紫外线。当植物的祖先还生活在海中时，紫外线会被海水吸收，所以不会触及它们的身体。但它们一旦登陆，紫外线便会无情地直射而来。

人类深知紫外线辐射的危害。紫外线之所以有害，是因为被它照射到的生物体会在体内产生"活性氧"（ROS）。"活性氧"这个词是在生命所必需的"氧"字前面加上一个好听的"活性"。因此，这个词首次出现时，有时会被误解为"只要吸入一点，就能让人感觉精力充沛的氧气"。但如今，我们都知道它其实是一种极度有害物质。

活性氧对人类来说，是加速衰老、诱发生活习惯病、导致癌症等多种疾病的罪魁祸首。

紫外线辐射会生成活性氧，进而诱发色斑和皱纹，因此有人称要减少活性氧，肌肤才会焕发青春。洗澡时稍加留意，不难观察到活性氧对皮肤造成的损害。将日常中暴露在紫外线下的手背、脸部皮肤与较少受紫外线照射的下腹部皮肤作对比，便会发现前者色斑和皱纹明显，而后者则年轻、水润、散发着孩童时的光泽。尽管有人说下腹部的皮肤"松松垮垮"，但那里的皮肤被拉伸后，就能看到光泽。

植物能在强烈的紫外线照射下生长，特别是在阳光尤为强烈的春夏两季。在这样的环境中，植物却能快速生长，不受损伤，开花结果。因此，我们可能会认为紫外线对植物是温和的，而对人类则是严酷的。但这只是人们的偏见。实际上，紫外线照射植物时同样会产生活性氧。

不仅是紫外线辐射，当我们大口呼吸或处于紧张状态时，身体也会产生活性氧。因此，植物和人类都面临着如何消除体内所产生的活性氧带来的伤害的问题。

植物与人类的共同烦恼

身处紫外线辐射的环境中，人类可以依靠帽子、遮阳伞和墨镜来防护紫外线，而植物也已学会通过产生"抗氧化剂"来清除紫外线辐射所产生的活性氧，从而在大自然中生存。

维生素 C 是最主要的抗氧化剂，据小白鼠实验显示，维生素 C 能延缓衰老并降低患白内障的风险，保持皮肤美丽，因此常被称为"美容维生素"。草莓、柠檬、柿子、猕猴桃等水果都富含维生素 C。另一种广为人知的抗氧化剂是维生素 E，它能抑制老化过程，因此被誉为"返老还童维生素"。杏仁、花生、萝卜叶和南瓜都含有丰富的维生素 E。

我们深知维生素 C 和维生素 E 作为营养素的重要性，也清楚地知道植物体内含有这两种物质，甚至知道哪些蔬菜和水果富含维生素 C 和维生素 E。然而，鲜少有人会深入思考：为什么这些蔬菜和水果会含有维生素 C 和维生素 E 呢？

这些物质是植物为了抵御紫外线辐射产生的活性氧的伤害所必需的。为了保护自身不受紫外线伤害，植物制造出这些维生素。然而，植物产生这些物质并非仅仅为了应对活性氧，维生素在植物体内发挥着多重作用，确保它们能够顺利生长。在此过程中，消除活性氧对于不会移动的植物免受紫外线辐射的伤害至关重要。

其实，人类和植物都面临着同样的问题——如果不消除活性氧，我们就无法健康地生活。人类依赖植物产生的抗氧化物质而活。这也表明，人类和植物的生存机制是相同的，所面临的问题也一致。

因此，植物对我们的健康大有裨益。这就是将我们与植物联系在一起的"植物力量"之一。

保护地球环境

植物是自然环境中不可或缺的一部分，它们构成了田野、森林、林地和山脉，与天空和海洋共同构成美丽的自然景观。如果没有植物，我们的自然环境将不复存在。

通过光合作用，植物提供了宝贵的氧气。然而，植物的作用远不止于此。近年来，大气中二氧化碳浓度上升成为突出的环境问题，这也是导致全球变暖的主要因素之一，而植物在抑制这一趋势中发挥着重要作用。

自 1958 年以来，夏威夷茂纳凯亚山天文台（Mauna Kea Observatories）一直在监测大气中的二氧化碳浓度。首次观测时，其浓度为 0.0315%，然而到了 2013 年 5 月，二氧化碳浓度的日平均值突破了 0.04%。与此相对应，多年前生物教科书中使用的空气中二氧化碳浓度数字是 0.03%。但近年来，人们开始使用 0.04% 这一新数值。

我们知道植物会吸收二氧化碳，对调节大气二氧化碳浓度起到了重要作用。然而，我们很难准确估计它们对降低大气中二氧化碳浓度的具体贡献。

要更直观地了解植物吸收了多少二氧化碳，我们可以观察全球二氧化碳浓度的上升曲线。这一曲线经常被用来解释二氧化碳浓度增加导致全球变暖的现象。尽管我们常说"二氧化碳浓度在上升"，但实际上它的变化并不是一条直线，而是呈现出一种有规律的增减现象。

这种增减现象每年甚至每个季节都在重复发生。测量这一数值的夏威夷茂纳凯亚山天文台位于北半球，我们可以观察到二氧化碳浓度在夏天减少，冬天则增加的现象。这是因为从春天开始到夏天，植物的光合作用活跃，会大量吸收二氧化碳，从而导致浓度下降。相反，在冬季，由于寒冷的气候导致光合作用减弱，二氧化碳无法得到有效吸收，因此其浓度会增加。

简而言之，每年夏季二氧化碳浓度的上升和冬季的下降，正是植物吸收二氧化碳能力的体现。换句话说，每年二氧化碳浓度在夏季和冬季的差异反映了植物吸收二氧化碳的程度。植物在调节大气中二氧化碳浓度方面扮演着重要角色，这也是它们维持自然环境稳定的一种能力。

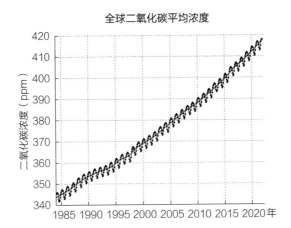

全球二氧化碳平均浓度

来源：世界气象组织／世界温室气体数据中心／日本气象厅（制表于 2022 年 10 月）

能源之源

植物是我们获取能源的重要来源。煤炭和石油等化石燃料源自远古植物。虽然近年来这些化石燃料因大量消耗导致大气中二氧化碳浓度增加而声名狼藉，它们却是我们长期依赖的能源，也是我们生活中不可或缺的一种植物力量。

在过去，落叶和枯木是我们日常生活的主要能源来源。古时候，人们常说："老奶奶去河边洗衣服，老爷爷去山里砍柴。"然而，近年来，"砍柴"这个词已经逐渐被遗忘。年轻人在读到民间传说时，或许会好奇，过去的山里是否真的长满了"草"。其实，"砍柴"中的"柴"并非指草，而是一种生长在山上的小杂木⊖。砍柴，其实就是砍伐和修剪这些小树和灌木的树枝，用来制作薪柴的过程。为了获取这些燃料，老爷爷会经常去山里"砍柴"。过去，木柴、柴火、落叶、枯树等都是我们日常生活中的重要能源。

近年来，人们开始利用玉米和其他农作物制造生物乙醇，并供汽车作为燃料使用。玉米，这个曾经主要被当作粮食的作物，现在已经在我们的能源领域发挥着重要作用。

"制造乙醇"的说法似乎有些突兀。那么，就让我们以威士忌为例来说明。威士忌通常由小麦或大麦酿成，但玉米同样也能酿造出优质的威士忌。威士忌中蕴含酒精，这足以说明玉米酿造酒精已有悠久的历史。因此，利用玉米生产乙醇并非突发奇想。

近年来，生物燃料作为一种防止大气中二氧化碳浓度上升的新能源，受到了广泛关注。相对于被称为化石燃料的煤炭和石油而言，用玉米和甘蔗生产的乙醇以及从大豆和油菜籽中提取的植物油则被称为生物燃料。在"生物燃料（biofuel）"的单词中，"bio"意味着"生物体"，所以"生物燃料"即指"从生物体中提取的燃料"。

⊖ 日语中"シバ"的日文汉字可以写作"柴"，指柴火；也可以写作"芝"，指现代草坪上种植用的草。文中作者意指，说起"シバ"现代人能想到的只有草坪上的草了。——译者注

燃烧生物燃料所释放的二氧化碳，其实正是这些植物在生长过程中通过光合作用所吸收的。因此，尽管生物燃料燃烧时会排放二氧化碳，但其与大气之间的交换量是平衡的，不会增加大气中的二氧化碳浓度。因此，生物燃料被誉为"环保燃料"。

再来说说菜籽油，它是从油菜籽中榨取的。有时，家庭或学校烹饪天妇罗后剩余的菜籽油会被收集起来，经过净化处理，用作柴油发动机的燃料，这就是我们所说的"生物柴油燃料"。

未来，生物燃料的原料将不再局限于玉米等粮食作物，而是会转向杂草、稻草、木材废料、伐木料，或食物残渣和牲畜排泄物等垃圾。

目前，人们正积极研究如何利用裸藻属藻类产生的物质作为飞机燃料，并努力将其推向实用化。在能源领域，植物的力量正逐渐展现出其不可或缺的重要性。

文化之基

植物具有创造年号的功能。2019 年，平成时代（1989—2019 年）落下帷幕，年号更迭为"令和"，寓意着"美丽和谐"。这个新年号源自奈良时代编纂的《万叶集》。其中，在《梅花歌卅二首并序》中，写道："初春令月，气淑风和。梅披镜前之粉，兰熏珮后之香。"这正是"令和"的出处。梅花属于蔷薇科，它的原产地是中国，但也有一种说法是原产自日本。在奈良时代（710—794年）之前，日本就已经开始栽培梅花了。

自古以来，不仅梅花受到人们的喜爱，还有许多植物也都在歌曲中被哼唱，在绘画中被描绘，在诗歌中被吟咏，它们与我们形影不离。因此，于奈良时代编纂、被称作是日本现存最古老的诗歌集《万叶集》中，收录了约4500首和歌，其中1500首与植物有关，涉及了约160种不同的植物。至于哪种植物在多少首歌中被提及，难以精确统计，因此数字可能有所不同。但据记载，胡枝子被提及138次、梅花118次、松树81次、立花橘66次、芦苇47次、薹草44次、芒（草）43次、樱花42次、柳树39次、白茅26次。

在平安时代（794—1185年）编纂的《古今和歌集》中，也记载了许多与植物相关的和歌，其中樱花被提及61次、枫树40次、梅花28次、败酱18次、胡枝子15次、松树14次、菊花13次等。比较《万叶集》和《古今和歌集》中的植物描写，人们常感到疑惑："为什么被称为'日本人心灵之花'的菊花在《万叶集》中没有被提及呢？"为何《万叶集》中鲜少提及菊花呢？原因是原产地为中国的菊花是在编纂《万叶集》的奈良时代末期才从中国传入日本的。因此，在后来的平安时代编纂的《古今和歌集》中，菊花才成为被频繁吟咏的对象。到了镰仓时代（1185—1333年），菊花更是被后鸟羽太上皇用作刀和衣服上的纹章。菊花的品种改良始于江户时代（1603—1868年），而正式作为天皇及皇室的徽纹则是在明治时代（1868—1912年）以后。

绘画中同样不乏植物的身影。例如，画家狩野永德（1543—1590年）创作的十二幅《花鸟画押绘贴屏风》，便以鲜艳的色彩描绘了众多花卉。这幅作品共展现了12种植物：枇杷、青葙、锦葵、日本女贞、梅花、木槿、粉团、牡丹、栀子、凌霄花、芙蓉和山茶。

此外，为了表彰那些在科学技术、文化艺术等领域做出杰出贡献的人，日本特设立文化勋章。勋章的设计灵感来源于五瓣立花橘，象征着植物与文化之间的深厚联系。

日常生活的必需品

植物也是我们生活中不可或缺的重要元素。衣食住这三大生活基础，其实都离不开植物。

"衣"，即衣物，棉和麻等植物直接为衣物提供了原料。而丝绸，虽由蚕丝制成，但蚕的食物——桑叶，同样来源于植物。即便如今化学纤维的使用愈发广泛，但棉、丝、麻等的重要性并未因此降低，作为天然纤维，它们愈发受到珍视。

　　"食"，即食物，水稻、小麦、玉米三大谷物，小米、黍、稗子等杂粮，再加上豆类、薯类、蔬菜、水果等，无一不是植物的馈赠。

　　"住"，即居住之所，植物在这一方面同样功不可没。杉树、松树、柏树、榉树等众多树木，都在建筑领域发挥着重要作用。即便如今钢筋混凝土建筑林立，木结构建筑的价值依然不可忽视。家中的衣柜、桌子、地板等家具，也大多以植物为材料，它们为我们的生活提供了极大的便利。

　　不仅如此，植物在心理层面也给予了人类极大的支持。庭院中的花草、花坛中的植物，都能治愈我们的心灵，给予我们鼓励和勇气。

　　虽然可能没有植物的存在，我们也能体验到快乐和感动。然而，如果身边有植物，我们的快乐和感动会倍增。因此，在庆祝活动等场合，植物常被用作装饰，烘托现场氛围。

当我们遭遇悲伤和痛苦时，植物的姿态、颜色和香味，往往能为我们带来慰藉，治愈我们的心灵。它们充满生机的生存姿态，更是激励我们面对困难、勇往直前的动力。正因如此，自古以来，在一些悲伤或痛苦的场合，通常也会有植物的存在。

与竹子一起生活

植物在日常生活中常常发挥着重要的作用。以竹子为例，这种自古便与我们相伴的植物，在我们的生活中扮演着多种角色。

松、竹、梅这三种植物，常常被人们当作吉祥的象征。在这三者中，竹子更是位于中间位置，早已成为我们生活中不可或缺的一部分。

在日本，每逢新年，竹子会与松树一同被用来制作家门口的装饰物（门松）。而在春天，人们则会在端午节时大展身手，把竹子作为旗杆支撑起鲤鱼旗，而竹笋则会被做成嫩竹汤，供人们品尝庆祝。到了七夕节，竹子和赤竹成为节日的主角，故又有"笹竹节"的说法。竹子也是挂轴和屏风上的常客，与菊花、梅花、兰花一同被描绘成"四君子"，展现出其高洁的气质。此外，水墨画中也常以竹子为主题。

可以说，一年四季竹子都不可或缺，它伴随我们度过人生的每一个阶段。孩提时代，我们用竹子制作竹蜻蜓、竹马、钓鱼竿等玩具；长大后，我们日常用的筷子、竹篓、吹火竹棍、晾衣竿、竹帘、团扇或扇子的扇骨、伞的骨架和伞柄等，都离不开竹子。甚至尺八这种乐器也是用竹子制作的。对于那些从小学习剑道的人来说，竹刀更是他们离不开的伙伴。

人们还常将健康的寓意寄托在朱红色的"朱竹"上，将其装饰在衣物或彩纸画上，以祈求"家宅平安""子孙昌盛""健康长寿"等。年长的人还会用"竹子痒痒挠"来挠背等难以触及的地方。竹子还被用作制作竹子趾压板（按摩脚底的竹子板）的材料，以竹子为原材料的趾压板更有益于健康。此外，竹子还具有一种独特的香味，能够驱赶霉菌和病菌，对我们的健康生活有着极大的帮助。

值得一提的是，竹皮在过去常被用来包裹肉和饭团等食物，如今也用于包裹青花鱼寿司。这种自然的包装方式不仅增添了食物的高级感，还能有效保护食材，使其不易腐烂。而竹笋也对我们的生活至关重要，作为食材，它丰富了我们的餐桌。

综上所述，仅仅把竹子这种植物作为观察对象，就能发现，无论是在日常生活中还是在文化艺术中，竹子都与我们人类的生活息息相关，发挥着不可或缺的作用。

绣球

第 2 章
植物颜色的秘密

树叶颜色的秘密

为什么树叶看起来是绿色的

日本有个节日叫"绿之日"[一]，其实就是植物日。"绿"这个字，会令人联想到叶子的颜色，它几乎成了植物的代表色。同样，当我们说"花与绿"，很多人会立刻想到这里的"绿"是指叶子。绿色俨然是树叶的象征。

可是，树叶为何呈现绿色呢？虽说树叶看上去是绿色的，可叶子只有在明亮之处才显绿色，在黑暗之地就并非绿色了。要是叶子自身能发出绿色的光，那么在黑暗之处它们也应当是绿色的。也就是说，叶子虽然看上去是绿色的，但实则并非能发绿色的光。我们所说的"叶子在亮处显绿"，其实是指叶子在光照下显绿。因此，"为什么树叶看起来是绿色的"这

[一] "绿之日"是日本的法定节假日之一，时间是每年的 5 月 4 日。——译者注

个问题，可以转换为"为什么树叶在阳光下显得是绿色的"。

　　我们都知道，照在树叶上的太阳光和灯光，其实是由多种颜色的光组成的。这些光有时被认为有七种颜色，就像彩虹那样，或是通过棱镜分出七种颜色。不过，这些颜色的光并没有明确的界限，所以也可以是三种、五种或其他数量。通常，我们所说的"光的三原色"是蓝色、绿色和红色，这三种颜色混合在一起，就形成了我们看到的光。换句话说，光照其实就是指蓝色、绿色和红色的光照射到叶子上。所以，"为什么树叶看起来是绿色的"这个问题，也可以理解为"为什么在蓝色、绿色和红色光线的照射下，树叶看起来是绿色的"。

　　当蓝、绿、红三种颜色的光照射到叶子上时，叶子会吸收蓝光和红光，但仿佛"讨厌"绿光一样，并不吸收绿光，而是选择反射它，让绿光顺利通过。因此，在蓝、绿、红光的照射下，我们从上方观察叶子时，会看到叶子呈现绿色，这是因为叶子表面反射的绿光进入了我们的眼睛。而蓝光和红光则会被叶子吸收，无法被我们看见，所以一般叶子并不会呈现出蓝色或红色。另外，如果从下方观察叶子，在蓝、绿、红光的照射下，叶子依然会呈现绿色。这是因为有一部分绿光没有被反射，而是穿过了叶子，进入我们的眼睛。蓝色和红色的光则被叶子吸收，无法穿透。

叶子之所以有这样的特性，是因为它含有一种绿色色素。这种绿色色素在光照下，会吸收蓝光和红光，同时反射或让绿光通过。这就是为什么我们通常看到的叶子是绿色的。而这种绿色色素就是我们常说的"叶绿素"。

树叶吸收的光有什么作用

当普通光线中的蓝光、绿光和红光照射到叶子上时，叶子会吸收其中的蓝光和红光。因此，人们通常会认为，被吸收的蓝光和红光就是用于光合作用的。19 世纪时，德国的植物学家恩格尔曼希望验证这一点，他设想，当蓝光和红光照射到叶子上时，光合作用就会发生，从而释放出氧气。

然而，验证这一设想并不容易，因为释放出的氧气是无色无味的气体，既看不见也闻不到。为了验证氧气的产生，恩格尔曼巧妙地设计了一个方法，让氧气的释放变得可见。他利用了一种喜欢氧气的细菌，当氧气释放时，这些细菌会聚集过来。他在水绵（绿藻的一种）周围释放了大量喜氧细菌，这些水绵在光的照射下能够进行光合作用。由于这些细菌喜好氧气，它们会自动聚集在氧气产生的地方。因此，氧气产生量多的地方，细菌聚集的数量就多。于是，他利用细菌聚集的数量来间接表示氧气的产生量。

　　接着，他利用棱镜将不同颜色的光照射到水绵细长的身体上。理论上，参与光合作用的受光区域会产生大量的氧气，从而吸引大量的细菌聚集。

　　他对喜氧细菌在不同颜色光线下的聚集情况进行了观察。结果显示，在蓝光和红光照射的区域，大量喜氧细菌聚集，而在绿光照射的区域则数量较少。这充分说明，在蓝光和红光照射下，光合作用进行得更为活跃，氧气释放量也更大。因此，可以得出结论：树叶吸收的蓝光和红光确实被用于光合作用。

为什么树叶到秋天会变黄

　　每到秋天，银杏的叶子都会如约般美丽地变黄。我们无法单独针对一棵银杏树的色彩情况进行美丑比较，说"这边那棵银杏变色好"或"那边那棵银杏变色不好"，因为不同地方的树叶颜色各有千秋，难以进行美丑比较。当有人说"那里的银杏大道很美"时，其实并非指每棵树的叶子颜色都出众，而是那一簇簇黄叶组成的银杏林，让整个林荫道都显得分外迷人。同样，我们也不会因为银杏某年的颜色而特别赞美或贬低叶子，因为银杏叶在进入深秋时的颜色并不会随着银杏树的年龄或当年的年份而改变。

银杏黄叶之所以能保持稳定的色彩，是因为在夏天银杏的叶子还是绿色时，黄色色素就已经开始生成。到了秋天，叶子开始变黄，主要是因为随着叶绿素的减少，已经存在的黄色素变得更加明显。

叶子中的绿色色素叫做"叶绿素"，而黄色色素则称为"类胡萝卜素"。从春天开始，叶绿素的绿色就一直在叶子上占据主导地位，类胡萝卜素的黄色则被浓密的叶绿素所掩盖而不明显，但叶绿素对寒冷非常敏感。因此，随着秋天气温的下降，叶绿素会逐渐减少甚至消失。这时，原本被绿色掩盖的黄色色素就会显露出来，叶子也就随之变黄。

不同年份的秋季气温下降情况各不相同。在气温下降迅速且幅度大的年份，叶绿素消失得快，黄叶就会早早出现。相反，如果秋季气温下降缓慢或幅度较小，叶绿素的消失就会相对较慢，黄叶的出现也会相应延迟。因此，我们会听到"今年黄叶来得早"或"今年黄叶来得晚"的说法，黄叶的"到来"时间确实因年份而异，甚至不同地区也会有所差异。但无论早晚，随着冬季的临近，气温持续下降，叶绿素最终会完全消失，隐藏的黄色色素则完全显现，叶子终将变成黄色。所以，尽管黄叶出现的时间有早有晚，但银杏的变色过程本身并不会因年份或地点而有所不同。

值得一提的是，黄叶与红叶在颜色上确实存在显著差异。不仅如此，它们在结构上也有所不同。黄叶的色彩稳定，不会因年份、因地域而异，而红叶的变色过程则可能因年份、因地域而异。

黄叶与红叶仅仅是颜色差异吗

说到秋天的红叶，最具代表性的应该就属枫树的枫叶了。每年红叶的色彩都会有所变化，因此，人们会评价说"今年的红叶颜色真漂亮"或"去年的红叶颜色稍显逊色"。另外，也有"这里的枫树很漂亮""那里的枫树颜色不好"等因地域不同产生的不同说法。即使是被称为"红叶胜地"的地方，颜色也会因年份而异。

这背后的原因是，枫叶在绿色状态时并不含红色素，要想变成红色，就得在叶子的绿色逐渐褪去后，产生一种叫做"花青素"的红色色素。即使产生了花青素，也必须在叶子的叶绿素完全消失后，红叶才能呈现出美丽的红色。倘若叶绿素没有完全消退，枫叶就会变成红色和绿色混合的状态，不会变成通透的鲜红色。因此，在秋天，叶绿素的消失对于美丽的枫叶来说是很重要的，但仅是如此，枫叶也不会变红。叶子体内还要产生大量的花青素，而且这种色素还必须维持住。所以，树叶变红有三个关键条件。

首先，温度的变化。叶绿素的消失需要较低的温度，而花青素的产生则需要较高的温度，白天温暖而夜晚凉爽是最佳情况。

其次，太阳光的照射。因为花青素是在太阳光的照射下产生的。当叶绿素消失，花青素产生时，美丽的红叶就诞生了。昼暖夜凉的天气状况每年都会有所不同，这导致红叶的颜色每年都会有所变化，有时早些，有时晚些，有时色彩鲜艳，有时稍显平淡。同时，这种温度的变化和紫外线的辐射强度也因地而异，因此各地秋叶的着色程度也会有所不同。

最后一个关键条件是湿度。在枫叶变色的过程中，会有新的花青素产生。这里的"新生"，指的是红叶在叶子老化过程中，最后重新焕发出光彩的阶段。在湿度低、干燥的条件下，叶子会迅速老化。因而，红叶要想缓慢、美丽地老化，就需要较高的湿度。在多雾、潮湿的山谷斜坡上，枫树的红叶往往特别美丽。

许多最适合枫叶变红的地方都在小山的山坡上。在这些地方，昼夜温差明显，白天阳光充足，夜晚凉爽。空气清新，紫外线照射充足。同时由于湿度较高，山谷中会形成雾气，很利于红叶生长。

被称为"日本三大红叶之乡"的京都府的岚山、栃木县的日光、大分县的耶马溪，都是有河流经过、寒暖差异大、空气清新、紫外线照射充足的地方。即使是家中的庭院或公园里的一棵枫树上的叶子也会先从太阳光照充足、夜晚容易受冷风侵袭的高处外侧的位置开始变红。除了欣赏鲜艳的红叶，我们也可以仔细观察身边树木的秋色变化。

黄叶和红叶有什么用

人们经常不禁会思考："为什么银杏和枫树的叶子会变成黄色和红色呢？"遗憾的是，对于这一现象的成因，我们还不能给出明确的答案。但是，黄色色素是"类胡萝卜素"，红色色素是"花青素"，这两种色素都能帮助消除紫外线的危害。因此，从这些色素的作用来看，便能解答"为什么银杏和枫树的叶子会变成黄色和红色"这一问题。

无论是银杏还是枫树，树上到处都有小小的嫩芽。这些都是会在第二年春天发芽的幼苗。但秋天的阳光中含有大量的紫外线，因此这些嫩芽需要得到保护。黄叶和红叶中的色素，在阳光逐渐减弱的冬季到来之前，会吸收紫外线，确保嫩芽在这段时间内不受伤害。

那么，或许有人会问："在众多树木当中，为何仅有银杏和枫树的颜色最为美丽呢？"会变色的不仅仅是银杏和枫树，它们只是其中的代表。对于这个疑问，虽然我们不能从科学的角度给出确切答案，但我们可以试着想象叶子的心情。

当植物开花时，人们会赞美它们"漂亮""可爱""美丽"，甚至会说它们"很香"。即使是花苞刚刚形成时，人们也会充满期待地说"有花苞啦"。之后，人们就会期待着开花的那一天，有时甚至会数一数长了几个花苞或开了几朵花。当花开过后，人们又期待着果实的到来。当果实成熟时，人们非常高兴，称赞它们"好吃""甜""真棒"。也有很多人会数一数结了多少个果实。

与备受追捧的花和果实相比，叶子除了在嫩叶期，几乎很难被称赞"漂亮"或"美丽"。无论叶子长得多么茂盛，也很少有人感叹"真棒"或"好大"，更不用说去数"长了几片叶子"了。然而，正是这些叶子，为开出美丽的花朵和结出美味的果实提供了必要的支持。但遗憾的是，那些焦急等待开花结果的人们，往往忽视了花朵和果实旁边的叶子。很少有人意识到，并感谢叶子："能开出美丽的花，结出美味的果实，都是叶子的功劳。"

但是，叶子大概不会因为自己未受宠爱而心生不满。它们可能会这样想："让植物开花结果是我的工作，只要自己培育的花和果实受到宠爱就好了。"叶子应该会感到满足，因为它们将延续花和果实生命的工作托付给了下一代。很多叶子在完成自己的使命后，就再也没有人注意到它们的存在，默默地枯萎了。

于是，在生命尽头的秋天，银杏和枫树或许是为了告诉人们叶子存在的重要性，它们自豪地展现着金黄或鲜红的颜色，仿佛在说："很美吧？很美吧？"这或许是叶子存在感最后的体现，它们用这种方式，向世界宣告自己的价值和存在的意义。

花朵颜色的秘密

为什么花朵有美丽的颜色

春天的花坛中，各种植物竞相生长、绽放花朵。因此，人们往往会产生一种植物间相处融洽的错觉。然而，事实并非如此。当蜜蜂、蝴蝶等昆虫靠近时，它们会为植物传递花粉，从而为植物留下后代提供了可能。所以，虽然同种植物间可以和谐共生，但不同种类的植物之间却需要展开一场吸引昆虫的竞争。这实际上是一场关乎后代存续的生存竞争。

为了在这场竞争中胜出，各种植物纷纷在花朵的颜色、形状、香味和花蜜的味道上下足了功夫，竞相展现自己的魅力。其中，花朵的颜色无疑是它们重要的魅力元素之一。许多植物选择用美丽的颜色来装饰自己的花朵，其中一个主要原因就是希望吸引外界的注意。

然而，实际上植物并非真的想吸引我们人类的目光。当然，它们如果被人类称赞"美丽""漂亮""可爱"，植物可能会因此受到更多的关注，这对它们来说也许算是一种好事。但另一方面，这样的夸奖也可能让植物感到困扰，怀疑自己是否还有其他不足之处。

因为花朵是植物的生殖器官，所以开花的植物真正渴望得到的赞美或许并非关于外貌。它们更希望听到的是"哇，好性感！"这样的评价。毕竟，植物开花的目的就是为了孕育后代——种子。为了将生命延续给下一代，它们不惜一切努力让花朵绽放。因此，一旦花朵绽放，植物就必须确保能够结下种子。为了实现这一目标，植物需要将一朵花雄蕊上的花粉转移到另一朵花的雌蕊上。为了完成这项任务，它们将重任交给了昆虫和小鸟。所以，植物会竭尽全力让花朵变得更加美丽，以此吸引蜜蜂、蝴蝶、绣眼鸟或者栗耳短脚鹎等靠近。

也许有人会质疑："植物真的想'引人注目'吗？"事实上，我并没有直接听到植物表达这样的愿望，但确实可以推断出它们有这样的动机，主要有以下三点原因。

首先，花朵有时会呈现出一种不太常见的颜色——绿色。这与叶子的颜色相同，因此并不容易引起人们的注意。但并非没有开绿色花朵的植物。广为人知的是樱花的"御衣黄"[⊖]品种的花。但是，这个品种只有花瓣是绿色的，且并非与叶子一样的绿色。

其次，大多数植物的花朵都生长在叶子的上方，很少有花朵隐藏在叶子下面。许多植物会伸出长长的花柄和茎，将花朵高高举起，以便更容易被昆虫和小鸟发现。

最后，植物会利用醒目的色素来装饰自己，以吸引昆虫和小鸟。它们的魅力就在于"色香"。虽然"以色惑众"这个词在我们人类听来可能带有贬义，但植物们确实会利用花朵的颜色和香味来迷惑、引诱昆虫和小鸟，从而完成传粉的任务。

花朵色素的真相

植物用色素把花朵打扮得美丽动人，其中一个原因是为了吸引昆虫和小鸟的注意。然而，这并不是唯一的重要原因。另一个重要原因是保护植物免受紫外线辐射。无论是植物还是人类，紫外线照射到身体上后都会产生一种叫做"活

⊖ "御衣黄"品种的樱花是"八重樱"的一种，因为花瓣的颜色和平安时代贵族所穿衣服的黄绿色相似，故得名"御衣黄"。——译者注

性氧"的物质，活性氧是一种毒性很大的物质，它会加速身体的老化，并导致多种疾病。当身体受到紫外线辐射时，体内就会产生有害的活性氧。因此，植物在体内制造了一种能够消除活性氧的抗氧化物质。

最常见的抗氧化物质是维生素 C 和维生素 E。此外，植物还含有其他抗氧化物质，可以抵消紫外线辐射的破坏作用，那就是花中所含的色素。植物花朵中主要有三种色素。

第一种是统称为"类黄酮"的物质，其中最具代表性的就是花青素。花青素存在于红色和蓝色的花朵中，玫瑰、牵牛花、矮牵牛、大花三色堇、仙客来、皋月杜鹃等偏红色花的颜色都是由这种色素产生的，而鸭跖草、桔梗、龙胆、矮牵牛等偏蓝色花的颜色也都是花青素的作用。

第二种是被称为"类胡萝卜素"的黄色和橙色色素，其特点是鲜艳。菊花、蒲公英、油菜花、孔雀草等黄色花朵的颜色，就是这种色素造成的。类胡萝卜素中最具代表性的是"胡萝卜素"。胡萝卜素是一种被称为"类胡萝卜素"的物质。因此，类胡萝卜素一词有时被用来代替胡萝卜素。

第三种是产生黄色和红色的色素"甜菜素"。紫茉莉、大花马齿苋、青葙、叶子花、仙人掌等花的颜色都是由这种色素产生的。能通过这种色素开出黄色或红色花朵的植物种类非常少见。

这些色素赋予花瓣美丽漂亮的外表，是一种抗氧化剂，可以保护花瓣免受紫外线辐射的伤害。植物用这些色素来装扮花朵，保护花朵内孕育的种子。

花朵的中心是被花瓣环绕的雌蕊，其基部是种子的摇篮。为了保护这些种子免受紫外线伤害，花瓣中富含抗氧化物质，能够消除紫外线产生的有害活性氧。因此，为了消除活性氧的危害，植物受到的阳光越强烈时，就会产生越多的色素，花的颜色也会变得越来越浓烈。高山上的植物花朵多呈美丽鲜艳的色彩，就是因为在空气清新的高山上，紫外线更为强烈。同样，在阳光直射的田野或花坛中培育的植物花朵，其颜色比玻璃温室中的更加鲜艳，因为它们直接接受了含紫外线的阳光照射。

植物在紫外线较多的环境中，为了自我保护，会变得更加鲜艳夺目。它们在面对有害紫外线的逆境时，通过变得更加美丽和迷人来保护自己。我们也应当从植物身上学习这种以逆境为养料，提升自身力量的生存之道。

为何花朵能拥有如此美丽的色彩？这主要得益于花青素、类胡萝卜素和甜菜素这三种色素，它们赋予了花朵蓝色、黄色和红色。那么，为何这些色素会使花朵呈现这些颜色呢？

以蓝色的花为例，它们之所以呈现蓝色，是因为含有蓝色的色素。同理，黄色的花含有黄色的色素，红色的花含有红色的色素。这些解释看似简单明了，但值得注意的是，在黑暗中，花朵并不会显示这些颜色。

然后，让我们更进一步思考："为何这些色素能赋予花朵特定的颜色？"这便是花朵能展现美丽色彩的奥秘。这一原理与绿色叶子中的绿色色素使其呈现绿色的现象是一致的。

因此，我们先来复习一下本章介绍的"为什么树叶看起来是绿色的"这一节的内容（见第40页）。叶片中的绿色色素并不吸收绿光，而是将其反射或让其穿过。同样，蓝色花朵中的蓝色色素会反射和透过光中的蓝色光。同理，黄色花朵中的黄色色素会反射和透过黄色光，红色花朵中的红色色素会反射和透过红色光。这些反射和透过的光进入我们的眼睛，使花朵呈现出蓝色、黄色或红色。

花朵中还有另一种颜色——白色。那么，白色的花朵中含有哪些色素呢？白色花朵中含有黄酮和黄酮醇这两种色素。然而，这些色素并不是白色的，而是呈无色透明或浅奶油色。这些色素也具有抗氧化作用，因此像蓝色、红色和黄色的色素一样，可以保护花朵免受紫外线的伤害。

尽管白色花朵中不含白色色素，但它们看起来仍然是白色的。这是因为花朵的白色来自微小的空气泡。光线照射到花瓣上，微小的空气泡通过反射，形成了我们看到的白色。如果有人告诉你"花朵的白色仅仅是光线反射在微小空气泡上的结果"，也许你对白色花朵那种高贵的印象会有所减弱。然而，瀑布的水雾、湖泊和海洋的浪花、啤酒泡沫和肥皂泡泡看起来都是白色的，这些现象其实也是由于光线反射在微小空气泡上而产生的。

因此，如果将白色花瓣中的微小空气泡挤出去，花瓣就会变得无色透明。只需用拇指和食指夹住白色花瓣并用力按压，就可以看到微小空气泡被挤出，花瓣变得无色透明。

不过，虽然我们人类只能看到白色的花朵，但昆虫却能在紫外线下看到不同的颜色或图案。这是因为太阳光中，除了我们能看到的可见光，还有紫外线辐射，而昆虫能看到紫外线。如果你用能感知紫外线的相机拍摄花朵，你会发现花瓣上有反射和吸收紫外线的区域。

蜜蜂和蝴蝶可以看到花瓣上的花纹。即使在我们人类看来颜色相同的白色花朵，在昆虫眼中也可能有花纹。黄色的花也是如此，最具代表性的就是油菜花。这些图案不仅能为昆虫提供花朵的识别标记，还能引导它们前往花朵中心部位采集花粉和花蜜。

花朵的颜色变化有什么意义

白色的花朵在开放后，随着时间的推移，或是随着一天的变化，花朵的颜色会逐渐变红。对此现象，人们会产生这样的疑问："花的颜色从白色变成红色有什么意义？"例如，芙蓉的一个变种，其花朵早晨是白色的，但到了傍晚则会变红并凋谢。由于这种红色变化像是醉酒后脸红，因此这种植物也称为"醉芙蓉"。棉花的花朵也是如此，刚开时是白色的，但在凋谢时会带有红色。这些花瓣之所以呈现红色，其实是因为产生了名为花青素的红色色素。

对于这种现象，我们无法明确回答"这意味着什么"，但如果考虑到花是植物的生殖器官，且白色花朵对昆虫更具吸引力，而昆虫对红色不敏感，我们就能明白它的含义了。刚开的花之所以是白色的，是因为植物希望通过能引起注目的颜色吸引昆虫来传粉，在花朵刚开时尽快完成授粉过程。授粉结束后，花朵若继续保持醒目的白色，就会持续引来昆虫，妨碍新花朵的开放。因此，花朵颜色会变成对昆虫而言不显眼的红色。

也许有人会问："这样想对吗？"接下来，我们将介绍王莲和马缨丹的花色变化，这些例子不仅支持这种解释，还能揭示出更深层次的意义。

王莲在两天内会两次绽放同一朵花，每次开花都发生在傍晚。第一次开花时，白色的花瓣绽放，散发出浓郁的香气。夜幕降临时，白色的花朵显得格外显眼，浓郁的香气吸引昆虫前来。花内含有蜜，当昆虫进入花中后，它们可以尽情享用美食。

昆虫在尽情享用美食时，花朵就闭合了，昆虫会被困在花中。被困的昆虫在花中四处乱飞，此时雄蕊会释放花粉，花粉会沾满在昆虫的全身。直到第二天傍晚，花朵再次开放。

第一天，花瓣是白色的，散发着浓郁的香气，但第二天，花瓣就呈现出红色，也不会散发出吸引昆虫的香气。

昆虫从红色的花朵中飞出，满身花粉，接着会被周围其他散发强烈香气的白色花吸引过去。在白色花朵中，雌蕊已经成熟，当沾满花粉的昆虫飞入时，昆虫身上的花粉便会附着在雌蕊上，从而完成授粉和受精。

第二次开放的红色花朵对昆虫来说并不显眼，因为昆虫对红色不敏感，花朵也没有吸引昆虫的气味，因此昆虫不会再回到这些花朵中。这样一来，携带着花粉的昆虫就不会返回到同一朵花上，确保了花粉能够传递到其他植株的花上。

也许有人会问："不把自己的花粉附着在自己的花蕊上，而是附着在其他植株的花上，有好处吗？"许多植物并不希望将自己的花粉直接传递给同一朵花的雌蕊，因为这样产生的后代会与自己有相同的特性。

生物通过繁殖来确保生命得以延续到下一代，因此，产生具有不同特性的后代对生物来说更有利。只要子代具备耐热、耐寒、耐旱、耐阴、抗病等特性，它们总能在各种自然环境中生存下来。因此，为了繁殖出具备这些特性的后代，花朵倾向于将花粉传递给其他植物的花朵。王莲的花朵就展现出了这样的智慧：刚绽放的花朵总是渴望吸引昆虫的注意，以便在花开初期完成花粉的传播。一旦传播完成，花朵会转变为低调的红色，不再吸引昆虫，以免干扰其他花朵的授粉。

再举一个例子，原产于热带美洲和非洲的马缨丹。它的花朵并非由白色转为红色，而是从鲜艳的黄色逐渐变为红色。近年来，这种植物在我们身边也广为种植。从夏季到秋季，马缨丹枝头簇拥着无数小花。尽管部分品种的花色不变，但大部分马缨丹的花色会随时间变化，从黄色逐渐转为橙色，最终变为红色。正是这种颜色的转变赋予了马缨丹独特的魅力，因此它也被誉为"七色花"。黄色花朵通常位于花簇中央，随着时间推移，先前开在中央的黄色花朵则会逐渐变为红色并移至外围。因此，在花簇的中心，总有一朵刚绽放的黄色花朵，周围环绕着橙色或红色的花朵。

由于许多昆虫对黄色比对红色更为敏感，因此它们更容易被新开的黄花吸引。完成授粉后，花朵会变为不那么显眼的红色，并移到花簇的外围。"这种花的颜色变化真的有助于提高蜂和蝴蝶的授粉效率吗？"如果你有这样的疑问，请试着在这朵花前观察飞来的蜜蜂和蝴蝶会停留在哪朵花上。你会发现，它们会停在中央的黄色花朵上，而不会停在周围的红色花朵上。

绣球花是蓝色的，还是红色的

据说绣球花的花色在日本是蓝色的，在欧洲是红色的。在日本，自古以来这种植物的花就是蓝色的。因此，以前绣球也被称为"集真蓝"，意为"聚集的蓝色花朵"，后来演变成"绣球花"。话虽如此，但在日本，绣球花从开始绽放到凋谢，花朵的颜色也是会发生变化的。另外，如果买了盆栽的绣球花在地里种植的话，第二年也会开出不同颜色的花。由于绣球花的颜色易变，它的花语是"多变"或"见异思迁"，另一个别名是"七变花"。

另外，绣球花的花瓣并不是植物学意义上的花瓣，而是普通花朵的萼片，是部分萼片变大后并着色所形成的。它们因为不是真正的花，所以也被称为"装饰花"。产生这种装饰花颜色依靠的也是花青素。根据花青素在花瓣中状态的不同，会呈现出红色或蓝色。因此，绣球刚开的时候是蓝色的花，凋谢的时候就变成了红色。花青素通常会显现蓝色，但当花瓣中的状态发生变化时，会带有红色。

绣球花的花色之所以"在日本是蓝色，在欧洲是红色"，是因为日本的土壤多呈酸性，而欧洲的土壤多呈碱性。日本的土壤之所以呈酸性，是因为降雨量多，土壤中的钙和镁等碱性物质被冲刷流失。酸性土壤中的铝会溶解并被根部吸收。当花中铝含量较高时，花青素会变成蓝色；而在碱性土壤中，铝不会溶解，因此不会被吸收，花的颜色不会变蓝，而是呈现红色。

　　如果你买了一盆开红花的绣球花，花季结束后把它种到地里，来年它可能会因为土壤的酸性而开出蓝色的花。同一株植物上可能会同时开出蓝色和红色的花，这是因为根部伸展的地方土壤酸碱度不同，蓝色的花也可能由于花瓣状态的变化而变红。

果实颜色的秘密

果实为何拥有迷人的色彩

红色的苹果和黄色的橘子外观鲜艳，颜色引人注目。有人会问："为什么植物果实的颜色那么漂亮呢？"果实颜色的本质其实和花的色素是一样的。葡萄、茄子、蓝莓等果实颜色为蓝色的植物都含有花青素。柿子、彩椒、西红柿、南瓜等植物中果肉的黄色则是由于类胡萝卜素的存在。

果实拥有美丽颜色的原因之一是为了吸引动物来食用。果实中的种子尚未成熟时不能吃，所以为了不显眼，果实和叶子一样是绿色的。而当种子成熟时，果实便会变成鲜艳的颜色，它们通过这种形式告诉动物"自己已经变得很好吃了"。

动物吃掉果实后，会将种子散布到各处。或者，动物如果连种子一起吞下去，会通过粪便将种子排出。这样一来，植物无须移动自身就能将种子传播到新的生长地点，从而扩大它们的生长区域。这就是为什么植物需要依赖动物在种子完全成熟时将其吃掉。这同样也是植物无须迁移即可开拓新生长区域，防止种子发芽时生长地过于拥挤的一种策略。

果实颜色漂亮的另一个原因是果皮和果肉中含有色素，这些色素是抗氧化物质，能保护果实中的种子免受紫外线的伤害。因此，在强烈的太阳光照射下，果实为了消除紫外线的危害，颜色会越来越深，越来越漂亮。

例如，茄子、西红柿、苹果等果实，在强烈的阳光照射下，颜色会变得更加浓艳漂亮。植物为了抵抗紫外线猛烈照射的危害，会产生更多的色素。面对强烈的紫外线辐射，各种水果呈现出美丽的色彩，其意义在于保护它们的后代。

"苹果变红，医生脸变青"

这句话意味着：人们吃了成熟的苹果，有利于健康，去医院的人减少，医生的脸色变青了。据说在欧洲，番茄也有这样的功效。

番茄起源于南美洲的安第斯山脉，是一种在世界各地都被种植的蔬菜。自古以来，番茄就深受欧洲人民喜爱，并在江户时代被传入日本，后在明治时代后期开始作为食用作物栽培。古时候日本曾将其写作中文的汉字"蕃茄"，后来说的日文名"トマト"则是源自英文的"tomato"。而英文的"tomato"实则源自墨西哥原住民语言，意为"膨胀的果实"，据说它的原本指的是"挂金灯"这种植物。由于番茄的原种在颜色、形状和大小上与挂金灯的果实相似，因此墨西哥原住民将其称之为"tomatl"。

红色番茄之所以有益于人体健康，主要是因为其中富含对健康有益的两种红色物质：胡萝卜素和番茄红素。这两种色素是抗氧化物质，具有消除体内引起老化、癌症和白内障的有害活性氧的作用。自古以来就有"有番茄的家，没有胃病"的说法。此外，番茄在法国和英国被称为"爱情苹果"，在意大利被称为"黄金苹果"，在德国被称为"天堂苹果"。番茄之所以被称为"苹果"，是因为它具有很高的保健价值。

在欧洲，被称作"果实变红了，医生就会变青"的水果是番茄，而在日本，具有这种功效的水果是柿子。

柿子属于柿科植物，自古以来在日本就被广泛栽培。柿子原产于包括日本在内的东亚地区，几十年前，当我在美国的时候，超市里还买不到柿子。因此，虽然苹果、橘子和葡萄等水果的英语名称大家都很熟悉，但柿子的英语名称却并不广为人知。柿子的英文名是"persimmon"。如果你知道这个词，那么你的词汇量一定是相当丰富的。

柿子的学名是 *Diospyros kaki*。学名指的是国际通用的植物名称，由表示植物所属科下的属名和表示该植物特征的亚种名两个部分组成。柿子的属名"*Diospyros*"由"*dios*"（意为"神"）和"*pyros*"（意为"食物"）两个词组成，亚种名"*kaki*"直接采用了日语的发音。

柿子是在江户时代通过一位瑞典医生传入欧洲的，因此，其亚种名直接使用了日语"*kaki*"。柿子因此被称为"名为柿子的神的食物"。当然这源于柿子美味且营养丰富的特性。柿子营养丰富，富含抗氧化物质维生素 C，其含量甚至超过了被称为"维生素 C 女王"的柠檬，堪比"维生素 C 之王"草莓。每 100 克柿子或草莓含有 70 毫克维生素 C。每日摄取的维生素 C 建议量为 100 至 110 毫克，因此，食用一颗柿子（重约 150 至 200 克）就能满足一天的维生素 C 需求量。柿子的黄色是因为含有抗氧化物质胡萝卜素和 β - 隐黄素。

涩味成分中的单宁酸也具有抗氧化作用，可预防糖尿病。柿子一直被认为是"解酒佳品"。据说单宁酸能促进酒精分解，柿子的钾含量高，因此还有利尿作用。通过增加排尿量，体内的酒精成分就会排出体外，这对消除宿醉也很有效。市面上有使用柿子涩味成分制作的除臭剂，可以消除老年人的体味和脚臭，以及消除食用含有大蒜的菜肴后的口腔异味。

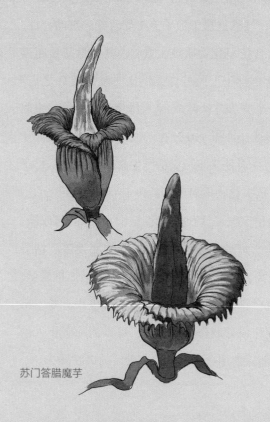

苏门答腊魔芋

第 3 章

植物气味的秘密

植物生命的助推器

为什么花朵会散发香气

许多植物会散发出香气。近年来，随着香气分析技术的进步，植物香气的秘密以及香气对植物本身起到的作用也逐渐被揭开。人们越来越了解植物香气对我们的身心和生活的影响。

在香气对于植物本身的诸多作用中，最容易理解的是第2章所介绍的，每种植物要吸引昆虫到其花朵上传粉采蜜，为了达到这个目的，植物会不断提升自己的魅力，将吸引力提升到极致。香气就是散发魅力的其中一个要点。

然而，有时人们可能会觉得没必要把吸引昆虫的魅力说得这么夸张。因为众所周知，许多植物的花都有雄蕊和雌蕊，雄蕊是雄性生殖器官，雌蕊是雌性生殖器官。因此，人们认为，一朵花如果把自己的雄蕊上的花粉放到自己的雌蕊上就能产生种子（后代），那么就没有必要邀请昆虫来传播花粉了。

但是，大多数植物并不希望通过这种方式繁殖后代。这是因为，如果这样做，它们的后代将与自己具有相同的性状。植物如果自身对某种疾病易感，这一特性将直接遗传给后代。持续通过这种方式繁殖后代，整个种群对这种疾病的易感性就都会增加，一旦疾病暴发，整个种群可能会面临灭绝的风险。这在第2章的"花朵的颜色变化有什么意义"中有介绍。不仅如此，通过将自身的花粉传递到同一朵花中的雌蕊来繁殖后代，还可能导致隐藏的有害性状显现出来。例如，即使是通常能够产生花粉的亲本，也可能具有无法产生花粉的隐藏特性。在这种情况下，如果亲本将自己的花粉授予自身的雌蕊，所生的子代可能会表现出无法产生花粉的特性。许多植物也就不希望通过将自己的花粉授予同一朵花中的雌蕊来繁殖后代。

繁殖后代的目的不仅仅是为了增加后代的数量，而是为了确保自己的生命能够传递到下一代，且希望能诞生具有各种不同特性的后代。例如，希望后代能够耐热、耐寒、耐干、耐阴、耐病等。在植物产生了各种不同特性的后代后，在各种环境中，总有一些后代能够生存下来，将生命延续下去。

为了产生具有各种不同特性的后代，许多雌雄异株的植物会试图将其他植株花朵的花粉授予自己的雌蕊。同时，它们也希望自己的花粉能授予其他植株的雌蕊。为此，它们需要吸引蜜蜂和蝴蝶来帮助传递花粉。因此，植物通过花朵的颜色和香气来吸引昆虫，就像以美色进行诱惑一样。

香气令植物的魅力广为传播

有三种美好的植物花香被称为"三大花香调"。

第一种香气被称为"铃兰香"，铃兰在英语中被称为"Lily of the Valley（谷中之百合）"。

第二种香气被称为"茉莉香"，茉莉花在波斯语中被称为"yasmin"，意思是神的礼物。"茉莉花"是茉莉属植物的总称，具体品种有数百种，但我们熟悉的茉莉花是多花素馨（*Jasminum polyanthum*），原产于中国，是一种藤本植物，经常被种植在住宅区的篱笆旁。它的花从紫红色的花蕾中绽放，花朵内侧为白色，外侧为浅粉色，具有浓郁的香味。由于其花外侧的浅粉色，多花素馨的英文名为"Pink Jasmine（粉红茉莉）"。茉莉香的主要成分是乙酸苯甲酯和芳樟醇。

第三种香气被称为"玫瑰香"。玫瑰原产于欧洲和中国，人们将其作为观赏用的品种杂交并反复改良，培养出了很多的园艺品种。在西方，玫瑰被誉为"花中之王"。

玫瑰一直以其浓郁的香味而闻名，这种香味由多种成分组成，包括香叶醇、香茅醇和芳樟醇。然而，近年来有人认为玫瑰的香气不再浓郁，其原因在于品种改良。多数情况下，人们会以花的颜色、形状、大小等为目的进行品种改良，而香气往往被忽视了。因此，随着品种改良的推进，玫瑰的香气可能会进一步有所减弱甚至消失。

常见的例子是仙客来。约40年前，歌手布施明演唱的《仙客来的芬芳》大受欢迎，仙客来的香气也因此闻名遐迩，可当时的仙客来其实并没有香气。最初，仙客来是有香气的，但随着人们为了追求仙客来的颜色、开花数量、抗寒性和其他特性而不考虑香气，这种香气就消失了。这首歌一经传唱，许多人对该植物的香气重新产生了兴趣，于是人们开始努力培育一种有香气的仙客来。最后，一种带香气的仙客来诞生了。这就是如今的一些仙客来带有香气的原因。那么，就会有一个问题："这首歌中的'香气'指的到底是什么呢？"有一种说法认为，歌名中不是"香气（kaori）"，而是"佳穗里"（kahori）。"佳穗里"是创作这首歌的小椋佳先生妻子的名字，真伪尚不可知。

除了"三大花香调"，人们有时也会提到"四大花香调"。在这种情况下，人们会加上丁香花的香气。丁香花的主要香气成分是"丁香醛"。这对我们来说是一种好闻的气味，但实验表明，这种香气却被吸血的蚊子所讨厌。众所周知，蚊子吸人血，但这仅限于产卵的雌蚊，通常蚊子是通过吸食花蜜等获取营养。然而，实验结果表明，蚊子不会吸食散发丁香醛香气的花蜜。

香气的魅力不仅在于其宜人，还能成为飘向远方的"飞行工具"。例如，有三种被称为"远播三大芳香花"的植物，它们是报春的瑞香、初夏的栀子花和秋季的桂花。在中国，瑞香被称为"七里香"，意为其香气能传7里远，而桂花被称为九里香，意为其香气能传9里远。日本的"1里"约为4公里，而中国的"1里"相当于500米。在日本，栀子花的香气被传唱为"能够追随你到旅程的终点"。

桂花香曾被用作传统汲取式厕所的除臭剂，但如今，随着抽水马桶的普及，年轻人可能对它并不熟悉。由于这个形象所带来的冲击过于强烈，以至于近年来人们避免将这种香味用作厕所除臭剂，因为它会让人想起老式厕所。

被用"馥郁"来形容的是哪种香气

能香飘七里的瑞香香气和香飘九里的桂花香气都很厉害，但还有一种被认为能香飘十里的香气。传说中，有一片被称为"一眼万株，十里飘香"的梅林，据说可以眺望到100万棵梅树，香气飘散十里（40公里）远，这指的是和歌山县日高郡南部町的梅林，这里是被誉为最高级梅子的"南高梅"的产地。传说这里有"100万棵"，但这略显夸张，实际上约有8万棵梅树。而"十里飘香"也有些过于夸大，但如果香气乘强风传播的话，是有可能会飞十里远的。

梅香的与众不同，不仅在于香气飘散的距离，还在于香气的品质。有人用"馥郁芬芳"来形容梅香。这个词过去只适用于高品质的香水，而最适合使用这个词的花香，就是梅花的香气。

梅花的"甜香"是由 γ - 癸内酯传达而出的。有研究表明，这种香味是年轻女性特有的。在实验中，研究人员请五十多名从十几岁到五十多岁的女性连续穿一件衣服24小时，并从其衣服的布料中提取气味。他们发现一种"甜味"在十几岁到二十几岁的女性中存在，而在35岁以上的女性中则不存在。这种香气本质就是 γ - 癸内酯。研究人员让这五十多名女性试闻这种香气，结果显示，这种香气给人以"女性化""年轻"的印象。未来，这种香气可能会被加入强调"女性气质"的香皂和洗发水中。

气味让人敬而远之的难闻花朵

大多数花香是令人愉悦的。但有些花却会散发出令人不快或讨厌的气味，我们往往会避而远之。一个典型的例子是巨魔芋，又称"烛台魔芋"。这种植物的原产地为苏门答腊，因此又被称为"苏门答腊大魔芋"。它的花高度约为 3 米，直径超过 1 米，被认为是世界上最大的花。

巨魔芋的花期只有两天，在此期间，花的温度会上升，释放出强烈的气味。这种花的气味闻起来像腐烂的鱼或肉，科学家提取了气味，并对其成分进行了分析。结果显示，这种臭味实际上与真正腐烂的肉释放的气味相同，是一种名为二甲基三硫的物质。此外，这种气味还被形容为混合了"穿了很长时间的袜子的味道"的气味，因为它也含有一种叫异戊酸的物质。异戊酸的气味常被比作脚臭、长时间穿过的袜子的气味、纳豆的气味、汗味或老年人的体味。

这些气味是苍蝇和尸食性甲虫所喜欢的。然而苍蝇和尸食性甲虫并不只是喜欢这些气味，而是喜欢腐烂的肉。因此，它们如果被这种花吸引，那就上当了，因为这种花上没有腐肉。

这种植物不是通过与其他许多气味相似的植物竞争来吸引昆虫，而是用自己独特而古怪的气味来吸引携带花粉的昆虫。

植物"无声的语言"

气味在植物的交流和信息传递中起着重要的作用，因此气味有时也被称为"无声的语言"。现在人们知道，有些植物用这种语言来保护自己和朋友。卷心菜就是一个例子。

卷心菜原产于欧洲，江户时代末期传入日本，明治时代开始栽培。由于价格低廉，营养丰富，这种蔬菜在欧洲被称为"穷人的医生"。

在种植卷心菜的田地里，我们经常可以看到飞来飞去的菜粉蝶。它们不只会在卷心菜上产卵，由菜粉蝶孵化出的幼虫菜青虫也会在生长过程中以卷心菜为食。当卷心菜被啃食时，它会从菜青虫造成的伤口处释放出一种气味，这种气味很受菜青虫的喜爱。

吸引而来的菜粉蝶绒茧蜂会在菜青虫的身体上产卵。孵化出的幼虫会利用菜青虫身体的营养生长，过一段时间后，幼虫就会从菜青虫身体中钻出来，而此时菜青虫已经死亡。也就是说，当被菜青虫啃食时，卷心菜会通过"救命"这种无声的语言，呼唤菜粉蝶绒茧蜂来保护自己。

还有一种叫二斑叶螨的螨虫，是吃叶子的害虫。玫瑰、大菊、麻豆等植物的叶子被它吃掉后，会散发出一种特殊的气味。而这种气味当树叶被人类破坏时，并不会散发出来。

这种气味能吸引捕食性螨虫——智利小植绥螨。这种螨虫并不吃叶子，而是以二斑叶螨为食，是二斑叶螨的天敌。因此，被二斑叶螨攻击的植物通过散发气味而得到了捕食性螨虫的帮助。

玫瑰、大丁草和棉豆等植物，在受到二斑叶螨攻击时，都会散发出一种求救的气味。捕食性螨虫被这种气味吸引而来，以"保镖"的身份来帮助它们。研究表明，这种气味的成分包括 β- 罗勒烯和二甲基壬三烯。

番茄被一种叫斜纹夜蛾的昆虫袭击后，会用气味告诉同伴危险正在逼近。当这种蛾啃食番茄叶子时，番茄会从被啃食的叶子伤口处释放出一种特定的气味。研究发现，这种气味是一种叫做己烯醇的物质。这样一来，周围的伙伴就会收到"小心点！"的气味信号。这种气味会被周围生长的番茄植物的叶子吸收。

吸收了这种气味的番茄株会利用气味中的成分作为材料，

制造出一种能让斜纹夜蛾无法成长的物质。斜纹夜盗蛾便不会吃含有这种抑制物质的番茄叶子了。

最终，被昆虫叮咬过的番茄会通过散发香气来保护自己的朋友。就这样，植物通过互相保护来守护自己。不仅仅是番茄，水稻、黄瓜和茄子也具有相同的机制。

用气味来帮助周围的植物

薄荷是一种原产于欧洲大陆的草本植物，于明治时代传入日本，被称为辣薄荷（胡椒薄荷），其花期为八月至十月。近年来，媒体报道了关于该植物浓香气味的新发现。

人们已经知道，这种香味具有防止害虫啃食叶子的效果，但现在又有研究表明，如果将其与小松菜⊖一起种植时，辣薄荷能减少小松菜受到的虫害。

当辣薄荷和小松菜一起在温室中种植时，小松菜被害虫啃食的情况减少了。种植在辣薄荷附近的小松菜比种植在远离辣薄荷地方的小松菜被虫子咬伤的可能性更小。

另外，在室内将小松菜和辣薄荷混合种植，然后将它们分开栽培，即使分开了，小松菜也能受益于之前在室内吸入

⊖ 小松菜：一种十字花科芸薹属白菜亚种的蔬菜，是普通白菜的变种。

的辣薄荷香气，受到的虫害更少。

研究人员还对辣薄荷进行了类似的实验。他们在野外种植辣薄荷并在其旁边种植大豆，结果发现，与远离辣薄荷种植的大豆相比，靠近辣薄荷种植的大豆受到的虫害更少。

此外，先在室内将辣薄荷和大豆混合种植，然后将它们分开种植，即使分开了，大豆也能受益于之前在室内吸收的辣薄荷香气，受到的虫害更少。

通过在附近种植某种植物，从而抑制其病虫害的活动或促进该植物生长的植物，被称为"伴生植物"。因此，在种植大豆和小松菜时，我们可以将辣薄荷作为伴生植物。

生活中的香气

什么是"植物芬多精"

1930 年，苏联列宁格勒大学的托金博士提出了"植物能通过释放能杀死霉菌和细菌的物质来保护自身"的理论。这种物质被称为"植物芬多精"（Phytoncide）。"Phyton"意为"植物"，"cide"意为"杀死的东西"。这些物质在生活中也很常见，例如，以"驱虫剂"闻名的樟树的香气——樟脑味，以及从樱花糯米饼外面的叶子中散发出的甜美香气——香豆素。香豆素虽然对我们来说是美味的香气，但对昆虫来说却是令其厌恶的气味。

樟树的原产地包括日本、中国等。樟树是日本许多神社中的"神树"。在宫崎骏导演的作品《龙猫》中，龙猫所栖息的大树就是樟树。樟树叶中含有强烈香气的成分是樟脑，英文称为"camphor"。这个名字来源于樟树的英文名"camphor tree"。树叶被昆虫吃掉或受伤时，就会产生樟脑来驱虫。如果揉搓叶子，你就能闻到香气。对叶子来说，被揉搓也就意味着被虫咬伤。因此，这种香气常被用作和服和西装等服装的防虫剂。樟脑也作为商品被全球人民广泛使用。

樱花的原产地被认定为是从喜马拉雅山脉到中国西南部的地区。樱花很早就传入日本。关于"樱花"这个名字的词源有多种说法，最容易理解的是，它是由"咲く"（日语中开花的意思）加上接尾词"ら"组成的。

樱花糯米饼是春天的象征，它的叶子会散发出美味的甜香。这种香气并非仅用于防止樱花饼干燥，更重要的是人们希望享受那独特的香气。不过，即使把樱花树上的绿叶剪下来，我们也闻不出樱花饼用的叶子的味道。樱花糯米饼主要采用的是大岛樱的叶子。这种樱花的叶子既大又柔软，且能散发出浓郁的香气。但是，生长在树上的大岛樱的绿叶不会产生这种香气，只有用盐腌制过的叶子才会产生。染井吉野（最有名的樱花品种之一）的叶子经过盐腌处理也会散发出这种香气，但由于其叶子较硬，不适合做樱花糯米饼时食用，所以不使用。

樱花糯米饼的美味香气的成分是香豆素。绿叶中含有生成香豆素的前体物质，但这些物质本身并无香气。同时，叶子中还含有另一种物质，这种物质与香豆素的形成密切相关。

因此，单单叶子是不会产生香豆素气味的，但用盐腌后，这两种物质才会接触并发生反应。这样，香豆素就产生了，香气也随之飘来。

即使不对叶子进行盐渍处理，只要用手好好揉搓，叶子也能开始散发出淡淡的香豆素香气。这是因为叶子受损后，两种物质就会接触，香豆素的香气就会飘散，这是叶子防御虫害的一种反应。而对试图啃咬叶子的昆虫来说，香豆素的香气是令它们讨厌的。因此，这种香气只会从被咬过的叶子中散发出来，没有被虫子咬过的叶子就不会散发香味。这种香气还有抗菌作用，可以防止细菌从虫咬伤口处侵入。

有时人们会问："樱花糯米饼的叶子可以吃吗？"这个问题的答案因人而异，但通常来说，如果想吃一两片叶子，是没有问题的。这些叶子略带咸味，与樱花糯米饼的甜味混合后，味道还不错。不过，人如果大量摄入香豆素，会对肝脏产生毒性。因此，香豆素不可作为食品添加剂。

相反，人们利用香豆素的毒性效果制作了药物。香豆素衍生物被用作治疗凝血引起的疾病的药物。这种药物可以防止血液凝固，使血液保持流动。对于因心房颤动等问题引起的心律失常患者，这种药物也可以防止血液瞬间凝固，从而防止血栓的形成。

日本扁柏的抗菌和驱虫作用

日本扁柏主要在关东地区以西生长，自古以来就被视为最好的木材。完成于奈良时代的日本最古老的历史书《日本书纪》中有这样的记述："杉树和樟树用于建船，柏树用于建宫殿，罗汉松用于制作棺木。"事实上，世界上最古老的木制建筑都使用了日本扁柏，如法隆寺和东大寺的正仓院。这些建筑在日本高温潮湿的气候下，经过超过千年的时间，木材没有被虫蛀，也没有腐烂，依然保持着完好的状态。

据说这要归功于日本扁柏中的两种成分。一种是 A - 毕橙茄醇，具有驱虫效果；另一种是桧木醇，具有抗菌作用。但其实日本扁柏中只含有极少量的桧木醇，桧木醇主要存在于台湾扁柏和罗汉柏中，并在 1936 年由日本人发现。研究发现，桧木醇对导致龋齿和牙周病的细菌有抗菌作用。同时，据报道，桧木醇对引起肺结核的结核分枝杆菌、导致食物中毒的大肠杆菌和葡萄球菌、伤寒杆菌及破伤风等具有抗菌活性。

2019 年，研究表明桧木醇对肺炎链球菌有抗菌作用。由于桧木醇对流感病毒也具有抗病毒效果，因此它也被实际用于防止感染流感的喷雾剂。

森林浴，你沐浴的是什么

除了海水浴和日光浴，还有森林浴。森林浴近年来在日本以及世界范围内越来越受欢迎，据说森林浴有消除紧张、放松心情、消除压力、恢复身心等功效。

在森林中，你会感受到绿色的植物、静谧的环境、湿润的空气和清新的气息。但森林浴的效果主要来自树叶、树枝和树干散发出的淡淡香气。这种香气被称为"植物芬多精"。有人会质疑："树木散发出的微妙气味是否真的有这样的功效？"

近年来，森林浴的功效已被具体的科学数据所证实，而不只停留在"让人身心舒畅"之类的抽象表述。

这里我们重点介绍在森林浴中起主导作用的，被称为"森林的香气"或"森林的芬芳"的 α - 蒎烯香味的功效，并具体介绍森林浴令人信服的三大功效。

α - 蒎烯（α-pinene）这一香气的名称来源于松树的英语名称 pine，它是松树香气的主要成分。这种香气不仅存在于松树，还广泛存在于杉树、柏树、大叶钓樟等树木中。

首先，它能降低我们的心率：研究人员以大约 22 岁的年轻人为研究对象，测量每人每分钟的心率。结果显示，当嗅闻 90 秒钟不含蒎烯的空气时，他们的心率平均为每分钟 74~75 次；但当嗅闻 90 秒钟含有蒎烯的空气时，他们的心率平均降至每分钟 72~73 次。尽管差异不大，但这表明嗅闻蒎烯香气可以降低心率，达到放松的效果。

其次，它能缩短入睡时间：研究人员以 20 多岁的男大学生为对象，他们分为闻到 α - 蒎烯气味的人、没有闻到任何气味和闻到薰衣草气味的三组，研究人员将其进行了比较，众所周知，薰衣草具有安神、镇静和放松的作用。与没有闻到任何气味的人相比，闻到薰衣草气味的人入睡时间更短。然而，闻到 α - 蒎烯香味的人比闻到薰衣草香味的人更早入睡。也就是说，α - 蒎烯的催眠效果比薰衣草更强，放松效果也更为显著。

最后，它能减少一种叫做皮质醇的物质。皮质醇被称为"压力荷尔蒙"，当我们感到压力时，唾液中的这种物质就会增加。研究人员将 12 名 20 多岁的男学生分成两组，其中一组每人分别在森林中步行约 15 分钟，另一组每人分别在城市的繁忙街道中步行约 15 分钟。结果显示，在森林中步行的人比在城市街道中步行的人唾液中的皮质醇浓度降低了 15.8%。

皮质醇水平的降低表明，森林浴可以缓解压力。为了确认这个结果，在全日本 35 个地区，共有 420 人参加了同样形式的实验。结果证实了这一判断。

以上三个实验表明，即使树木散发的香气很微弱，但其效果却非常显著。不过，香气的效果会因其强度和闻者个体的不同而有很大的不同。

气味对身心的影响

嗅觉对味觉的影响

植物的气味会影响我们的味觉。在日本料理中，一种原产于日本的植物——鸭儿芹，一直被用作各种菜肴的辅助配料，其香气成分"鸭芹烯"能刺激食欲。

青椒是气味影响味觉的一个显著例子。青椒有一种独特的苦味，很多儿童特别不喜欢。但其苦味成分一直不明。一家种苗公司创造了一种没有苦味的甜椒品种。于是，研究人员对比了新培育的无苦味青椒和传统有苦味青椒的成分差异。

在研究中发现了一种名为槲皮苷的物质，这种物质在没有苦味的青椒中几乎不存在，但在苦味青椒中却大量存在。据说这种物质具有增强血管弹性和防止血压上升的效果。然而，当我们单独品尝这种物质时，它尝起来有涩味，但没有苦味。因此，研究人员进一步研究了苦味来源的真相。结果表明，当槲皮苷与青椒的气味结合时，会产生苦味的感觉。

无论青椒是否有苦味，其本身都存在气味。这种气味是由一种叫做吡嗪的物质组成的。如果感觉不到这种物质的气味，那么你吃苦青椒时就不会觉得苦。自古以来，人们就说"吃青椒时捏住鼻子感觉不到气味，就感觉不到苦涩"。这一传言现在有了科学依据。

气味对味觉的影响在我们日常生活中也有所体现。例如，我们感冒鼻塞时，吃饭就感觉不到食物的美味。这可能是我们感觉不舒服，所以觉得食物不好吃，如果我们没有通过鼻子感知到食物的香气，有些味道就会变得不那么好吃。我们可以试着捏住鼻子，就感觉不到从鼻子直接进入的香气了。因此，有人说："捏着鼻子吃苹果，吃不出苹果的味道。"还有人说："许多人捏着鼻子喝苹果汁和橙汁时，无法区分苹果汁和橙汁。"

感染某种病毒后的一种后遗症是"味觉丧失"。起初，人们认为这是由味觉失调引起的。然而，研究发现，约70%的患者味觉是正常的，而只是产生了嗅觉障碍。这些现象表明，嗅觉确实会影响味觉。

具有减肥功效的香气

这里介绍两种只要闻香味，就能减肥的植物的香气。如果把这两种气味融入生活中，你可能不用运动、不用出汗，也不用痛苦地限制卡路里摄入量，就能减轻体重。

葡萄柚的学名是 *Citrus paradisi*，"*paradisi*" 意为"天堂"，因此其清爽的香味被形容为"天堂般的香气"。

2005 年，大阪大学的研究人员进行了一项实验，让两组小白鼠中的一组接触葡萄柚的香气，另一组不接触任何香气。结果表明，仅通过闻葡萄柚的香气就有减肥效果。这一结果被认为是因为葡萄柚的清香中含有的柠檬烯的作用。

近年来，柠檬烯被发现能够激活棕色脂肪细胞，这种细胞被称为"即使不运动也能减肥的细胞"。当这些细胞活跃时，它们不仅能燃烧脂肪，还能产生能量，因此不会引发饥饿感。

葡萄柚中还含有另一种名为圆柚酮的物质，其香气也被认为能促进脂肪燃烧，可能是导致上述实验结果的原因之一。

据说桂花的香气也有减肥效果。在这项研究中，小白鼠食用了浸染桂花香味的饲料 25 天后，其体重比食用未染香气饲料的小白鼠轻约 10%。另外，将浸染香气的纸放在饲育箱（小白鼠的笼子）下方 30 分钟后，小白鼠体内制造促食素这种物质的能力会下降，对于食物和水的摄入量也会相应地减少。促食素是一种能够增加食欲的物质。也就是说，闻到桂花的香味后，小白鼠体内促食素的量减少，食欲降低，体重增加也得到抑制。

为了验证这种香味的效果，实验将液体硫酸锌滴入小白鼠的鼻子，使其失去嗅觉。结果发现，失去嗅觉的小白鼠在闻到桂花的香气后，食欲也没有被抑制。

桂花香味的效果，在我们人类身上也得到了证实。10 名年龄在 20 至 40 岁的女性中，有 5 人将浸染桂花香气的纱布放在胸前的口袋里。将纱布放在胸前口袋的原因是香气更容易被鼻子吸入。12 天后，相比于未将香气纱布放入口袋的另外 5 名女性，这 5 名女性表示她们更容易感到饱腹感，通过测量体重和体脂肪也都有所减少。具体来说，未闻到桂花香味的 5 人的平均体重仅减少了 0.2 千克，而闻到香味的 5 人平均体重减少了 1.4 千克。带来这种效果的桂花花香的主要成分被认为是 γ - 癸内酯和芳樟醇。

唤起旧时记忆的普鲁斯特效应

有一种现象被称为"普鲁斯特效应"，即一种气味会触发一段记忆，当闻到某种气味时，往昔的记忆会浮现出来。这一现象得名于马塞尔·普鲁斯特的作品《追忆似水年华》，在书中，主人公在把玛德琳蛋糕浸入茶中时散发出的香气，唤起了他童年时代的记忆。这种情况在我们的日常生活中也经常体现，例如，闻到桂花的香气可能会让人联想到过去的汲取式厕所，因为在过去，桂花香常用作汲取式厕所的除臭剂。

这种普鲁斯特效应是如何产生的？现在已经得到了解释。进入鼻腔的气味会被鼻腔后部的气味传感器感知，并由嗅球（脊椎动物前脑结构中参与嗅觉的部分）进行分类，然后传送到大脑。在大脑中，有一个负责记忆的部分，当气味的刺激传达到这个部分时，记忆便会被唤起。通过这种方式，气味会影响大脑分泌的物质，从而影响我们的情绪和行为。

又如，百里香的香气被用来提升罗马士兵的战斗力。人们认为这是因为百里香能促进大脑分泌一种叫做肾上腺素的物质。肾上腺素被称为"战斗物质"或"战斗—逃避物质"。"战斗"和"逃避"虽然看起来是两种不同的意义，但在保护生命、激发紧张状态方面却是完全相同的。在这种情况下，肾上腺素会让食欲减退，便意受到抑制。

相反，铃兰的主要香味成分芳樟醇则会抑制肾上腺素的分泌。因此，人在闻到这种香味时，紧张状态会得到缓解，排便也会更加顺畅。

薰衣草的香味被认为能带来放松感，并引发"婴儿般的睡眠"。这是因为其中的香味成分乙酸芳樟酯会刺激多巴胺的分泌。多巴胺被称为"激发动机的物质"，人如果缺乏多巴胺，就会失去动力，引发帕金森病等疾病。因此，为了治疗和预防这种疾病，可以考虑利用槲树叶释放的丁香酚这种能促进多巴胺分泌的香味。

迈入香气的世界

正如我们所看到的，随着人们对植物的作用及其对人类的影响有了更多的了解，植物香气的世界将在未来不断扩大。植物释放的香气将显示出它们并不普通的秘密。不过，我们在使用香料时需要谨慎。香气在某个地方散发时，就会成为任何人都无法逃脱的环境因素。例如，在赌场等场所散发出的柑橘类香气，据说可以增加投注额。对于利用这种无法逃避的淡香来激发赌博欲望的做法，我们必须保持警惕。

此外，某些香味在浓度低时会产生积极效果，但浓度过高时就会变成刺激性气味。例如，松树中含有的 α-蒎烯香气具有放松作用，并能缩短入睡时间。然而，这种香气也是被认为刺激性强的薄荷香味的主要成分。香味效果的差异是由于浓度的不同造成的。

我们还必须注意到，每个人对香味的感知能力差异非常大。比如，有些人会将香烟的烟味形容为"幸福的香气"，然而，也有许多人讨厌二手烟。

柿子

第 4 章

植物味道的秘密

繁衍后代的味道

花蜜和色香引诱

植物的叶子、花朵和果实都有自己的颜色、香气和味道。关于颜色和香气，我们在第 2 章和第 3 章已经进行了介绍。但味道也同样是植物迷人之处，它有着自己独特的魅力和作用。提及植物的味道，我首先想到的是花蜜的味道。

裸子植物（除苏铁等少数例外）通常依赖风来传播花粉。相比之下，从裸子植物进化而来的被子植物则将花粉传播的任务交给了蜜蜂、蝴蝶等昆虫，这就提高了授粉的效率。因此，被子植物大大减少了所需的花粉生产量。它们可以将精力投入到制造花朵的颜色和香气上，并且准备好供昆虫采集的蜜。

花朵的颜色差异一目了然，香气的差异则可以通过嗅觉感知。因此，人们很容易理解每种植物的花朵在颜色和香气方面的差异，因为每种植物都有着独特的"设计"。

同样地，每朵花的花蜜味道都不一样，但我们很难品尝到每种植物的花蜜。因此，人们很难相信蜜的味道会因植物的不同而有所差异。我自己并没有品尝过许多植物花朵的蜜，因此无法断言不同植物的花蜜味道确实不同。

然而，有理由相信每朵花的花蜜味道都不一样。市场上销售的蜂蜜产品，其标签上往往会明确标注来源植物的名称，如紫云英、金合欢、石楠花、蓟属植物、白车轴草、油菜花、橙子、柑橘、荞麦、全缘冬青、野漆、日本栗等，每种蜜都有其特色。

举例来说，人类非常喜欢"蜂蜜之王"紫云英的花蜜，然而，对于蜜蜂和蝴蝶等昆虫来说，每种花蜜都有其独特的吸引力。这也进一步印证了我们的观点：不同植物的花蜜味道确实存在差异。

至于荞麦的蜜是否像人们认为的那样"美味"，就不得而知了。荞麦蜂蜜的颜色明显较深，据说其味道和颜色与红糖相似。这种甜度的差异很可能是因为它与其他花蜜所含糖分的数量和种类有所不同，而它深沉的黑红色则归因于较高的含铁量。不同植物的花蜜中的铁及其他矿物质的含量也各有差异。

蜂蜜的味道与花蜜的味道有所不同。因为花蜜在蜂巢中经过储存与转化，其中糖的浓度和种类都发生了变化。尽管如此，来自不同植物的蜂蜜也各具特色，这恰恰反映了其花蜜原味的差异。

有人会问："传说中的紫云英蜜或荞麦蜜真的是从一种花中采集的吗？"是否能从单一花种中采集花蜜，很大程度上取决于养蜂人对蜜蜂习性的了解与他们的努力。

首先，养蜂人要选择含糖量高的花朵，并找到盛产这种花朵的地方。接着，由于蜜蜂倾向于就近采蜜，蜂箱便会被安置在盛开的花朵附近。当蜜蜂从含糖量高的花朵中采集到花蜜后，它们会跳起独特的"8字舞"，以此来告知同伴花蜜的所在位置。

因此，目前还不能确定蜜蜂是否只从一种花朵中采蜜，但人们普遍认为它们主要专注于一种花朵。

通往花蜜区的秘密

昆虫会被花圃中花朵的颜色和气味所吸引，这些花朵仿佛在邀请它们靠近。一旦昆虫来到花间，它们便能享受到一场美味的盛宴。这，便是花蜜的味道。

有些花朵上的花纹被称为"蜜标"，它们就像路标一样，指引着昆虫前往采蜜的地点，仿佛在告诉昆虫："这里有花蜜，快来采蜜吧！"

举例来说，杜鹃和天竺葵的某些花瓣上有斑点花纹。若你循着这些花纹找，便能找到花蜜的所在。这些花纹，其实是植物用来告诉昆虫花蜜位置的标识。然而，这并不仅仅是为了引导它们采蜜，当蜜蜂、蝴蝶等昆虫依照这些图案找到花蜜时，它们的身体往往会沾满大量的花粉，那么植物也就有更多的机会让昆虫带走它们的花粉，甚至有可能让其他花朵的花粉附着在自己的花蕊上。

此外，花瓣上可能还隐藏着一种在紫外线下才能显现的花蜜标记。太阳光中除了人肉眼可见的蓝光、绿光、红光等可见光之外，还包含着我们无法看到的紫外线。虽然我们人类无法看到紫外线，但是，就像在第2章的"为什么花朵有美丽的颜色"中介绍的那样，蜜蜂、蝴蝶等昆虫却能够感知到它。这不禁让人好奇，在它们的眼中，紫外线究竟呈现出怎样的色彩呢？然而，对于看不见紫外线的我们来说，这是无法想象的。

但有一点可以肯定，对于同一朵花，人类所见的颜色和图案，与蜜蜂、蝴蝶眼中的景象必然大不相同。比如，我们看到的油菜花是黄色的，但若用能感应紫外线的相机拍摄，其花心的部分则会呈现为黑色。不仅油菜花如此，许多在我们眼中是单色的花朵,在紫外线下都可能展现出黑色以及其他颜色。尽管"紫外线"一词给我们的印象是一种单一颜色的光,但对于蜜蜂和蝴蝶来说,它可能呈现出更为复杂多变的色彩。就像我们虽然看不见紫外线,但也会根据其波长和性质的不同,将其分为 A、B、C 等不同波段。因此,我们有理由相信,在蜜蜂和蝴蝶的眼中,紫外线或许绘制出了一种我们难以想象的图案。

果实的味道

谈及植物的味道,我们首先想到的往往是那些用于播种的果实。果实的味道特征在成熟前后有着天壤之别。这是因为,在成熟前,种子需要得到保护,果实不能被动物吃掉;而一旦成熟,种子则需要借助动物的帮助来传播,因此果实会变得美味可口,吸引动物前来食用。

果实在成熟之前,种子还没有形成,因此如果它们被吃了,植物就会遇到麻烦。这时,植物会通过增加苦味、酸味或涩味来破坏果实的口感,甚至在果肉或种子中添加有毒成分,以保护种子安全。一旦种子成熟,果实就会变得可口美味。此时,果实中的糖分含量增加,口感更甜,这甜味主要来源于果糖或葡萄糖，它们为果实生长提供能量。果实成熟后，其味道也会变得甜中带酸，这种酸味主要来源于柠檬酸或苹果酸，它们不仅有助于促进新陈代谢，还能缓解疲劳。梅干中就富含柠檬酸，因此具有缓解疲劳的功效。

水果中的糖分和酸性物质共同为我们提供活动所需的能量，因此，早晨吃水果能够迅速激活我们的大脑和身体，这也是人们常说"早上的水果是金子"的原因。

这背后的原因主要有三：首先，水果中的糖分能够迅速为我们提供能量，尤其是果糖和葡萄糖，它们更易于转化为能量；其次，水果中的有机酸，如柠檬酸、苹果酸等，能够让人在早晨感到精神焕发；最后，水果富含膳食纤维，能够刺激肠道活动，促进排便并防止便秘。因此，早上吃水果是非常有益的。

保护身体的味道

保护植物身体的酸味

许多植物通过制造出它们不喜欢的味道来保护自己的叶子、茎、果实和种子，以防昆虫、鸟类和其他动物啃食。它们希望被动物认为"不好吃"，更希望被贴上"味道糟透了，最好停止食用"的标签。因此，植物演化出了形形色色的味道。其中最具代表性的是被称为酸味的酸性成分。植物含有多种多样的酸味成分，如草酸、柠檬酸和苹果酸等，不同的植物所含的酸味成分也各不相同。

有一种名为酢浆草的杂草，其叶片呈心形，十分可爱。从植物学的角度看，这三片小叶子聚集在一起就构成了一片叶子。在由春至秋的漫长时间里，从叶基部长出的花茎上会开出黄色的小花，花瓣分为五片，这些花在阳光明媚的时候会绽放，但是在阴天的时候会合拢。这种杂草在家庭花园、街边花坛边缘、公园及学校操场等地随处可见。

如果发现了这种野草，你可以尝试摘下几片叶子，用一个旧的硬币摩擦它们，试着擦亮硬币。酢浆草的叶子内含有丰富的汁液，如果担心绿色的汁液会沾到手上或衣服上，你可以用一只薄塑料袋代替手套，把手伸进袋子里，用外面的袋子来捏住叶子，这样就可以防止汁液直接沾到手上。你会发现，用这种植物的叶子擦拭后的硬币很快就会变得光亮如新。继续用新鲜的叶子擦拭整枚硬币，不久，你就会拥有一枚闪闪发光的硬币。

旧硬币之所以能变得如此闪亮，要归功于酢浆草叶子中所含的草酸。这种物质带有酸涩的味道，其英文名称是 oxalic acid。在希腊语中，oxalis 意为"酸"，而 acid 也意为"酸"，所以这个物质的名字可以直译为"酸酸的酸"，听起来确实很酸。

酢浆草属下还有一种名为红花酢浆草的植物，它常生长在城市住宅附近的路边及石墙之间。初夏时节，它的花茎长得比叶子还要高，顶部会开出一朵美丽的花，花瓣分成五瓣，看起来一点也不像野草。这些开着紫红色花朵的花茎接连不断地生长，每天都会开出许多花朵。

这种植物同样具有三片心形叶子，且比酢浆草的叶子稍大。它的属名也是 *Oxalis*，叶子中也含有草酸。因此，你如果使用这种叶子来擦亮硬币，同样可以让硬币变得闪闪发光。那么，想一想：为什么酢浆草和红色酢浆草的叶子有这些特性？这是为了防止叶子被昆虫吃掉。

酢浆草和红色酢浆草含有丰富的草酸，这使得它们的叶子味道不那么诱人。正是由于这种酸味，它们能够通过叶子保护自己免受昆虫和鸟类等动物的侵害。据说只有灰蝶的幼虫喜欢吃酢浆草的叶子。除此之外，其他植物也通过酸味来保护自己。比如说酸模，它的叶子富含草酸，同属于蓼科的羊蹄（蓼科酸模属植物）叶子也富含草酸。

柑橘类水果如酸橙和橘子，它们的酸味主要来源于柠檬酸，柠檬自然也不例外。这种酸味在水果完全成熟、种子完全形成之前，起到了保护果实免受昆虫和鸟类等动物侵害的作用。

对于人类而言，即便是少量的草酸也足以让我们感受到明显的酸味。柠檬酸在各类食物中出现时，不仅能刺激食欲，还能为食物增添风味。而苹果酸的酸度被形容为"微酸"，是一种令人愉悦的味道。

然而，对于许多昆虫、鸟类和其他动物而言，草酸和柠檬酸的酸味却是令人难以忍受的。因此，植物利用这种酸味作为防御，以保护自己免受动物的伤害。

保护植物身体的苦味

具有苦味的植物的代表之一是苦瓜，它的幼果味道苦涩，因此得名。有时，苦瓜也被称为"荔枝"，因其属于攀缘性植物，因此又有"藤荔枝"的别称。

苦瓜的汉字写法直接体现了其味道特点，意为"带有苦味的黄瓜"。它属于葫芦科，英文名为"bitter melon"，即"有苦味的葫芦科植物"。

我们日常食用的苦瓜，指的是那些尚未成熟、味道苦涩的果实。这种苦味在"苦瓜炒饭"中表现得尤为明显。虽然这道菜现在已经风靡全日本，但最初却是源自苦瓜的发源地——冲绳县的一道地道乡土料理。

这种苦味的成分包括葫芦素 B、苦瓜素以及苦瓜苷。初次听到这些名字，你可能会觉得颇为奇特，但实际上，它们各自都有着独特的由来。

苦瓜属于葫芦科，其学名为 *Momordica charantia*。这个学名是由植物所属的属名和描述其特征的亚种名组合而成的。至于苦味的来源，葫芦素 B 正是得名于葫芦科，而苦瓜素则

是根据苦瓜的属名 *Momordica* 来命名的，苦瓜苷则是以亚种名 *charantia* 为依据命名的。

苦瓜在成熟之前才会呈现苦味，一旦完全成熟，它的种子会被一层红色的果冻状物质包裹，此时便带有甜味。这是因为在果实成熟之前，种子尚未成熟，苦味可以起到保护种子不被动物吃掉的作用。而当种子完全成熟后，其周围部分变得甜美可口，会吸引动物食用并帮助传播种子。此外，当果实成熟却未被吃掉时，苦瓜的种子会自然裂开，露出诱人的果肉，我们还可以用勺子轻松挖出果肉来享用。

刺激鼻子的辣味

芥末中那股刺鼻的辣味，正是来自块茎山葵菜的风味。块茎山葵菜是一种原产于日本的植物，它偏爱凉爽的气候和阴凉的环境，常常在清澈的溪谷旁生长。它的学名为 *Wasabia japonica*，其中 "Wasabi" 在日语中就是块茎山葵菜的意思，至于名字中的 "a"，那是因为学名是用拉丁文来表示的，所以 "Wasabi" 后面加上了拉丁化的结尾。因此，*Wasabia* 表示这种植物属于山葵菜属，而 *japonica* 则表明它起源于日本。也正因如此，块茎山葵菜的英文名字也直接采用了

"wasabi"。有时，为了与同为十字花科但原产于东欧的辣根相区分，人们还会称块茎山蓊菜为"日本的辣根"。

块茎山蓊菜用于制作芥末的部分由"根"和"茎"组成，被统称为"根茎系"。这部分表面有凸凹不平的特征，通常在叶子长出后才会出现，这是茎的证明。同时，它还会长出细根，因此也被视为根，故得名根茎。块茎山蓊菜通常生长在有干净水流的地方，其根部会分泌一种物质，这种物质可以抑制其他植物的发芽和生长，同时也会限制自身的生长。

块茎山蓊菜那独特且刺鼻的辣味和香味，其实来源于一种叫做异硫氰酸烯丙酯的物质。这种物质具有挥发性，从口腔挥发后，会传递到鼻子，刺激鼻腔内的痛觉感受器。对于块茎山蓊菜来说，这种辣味是一种自我保护的机制，可以防止自身被动物吃掉。

我们食用未经磨碎的块茎山蓊菜时，几乎没有辣味。但一旦磨碎，它就会释放出汁液，生成异硫氰酸烯丙酯，带来强烈的辛辣感。在磨碎之前，块茎山蓊菜中含有黑介子硫苷酸钾和葡糖硫苷酶两种物质。黑介子硫苷酸钾是形成异硫氰酸烯丙酯的前体，其本身并不辣。而葡糖硫苷酶则是一种能够作用于黑介子硫苷酸钾，产生异硫氰酸烯丙酯的酶。

在块茎山蓊菜被磨碎之前，黑介子硫苷酸钾和葡糖硫苷酶这两种物质是不会相互接触的，但一旦磨碎，它们便会接触并发生反应，黑介子硫苷酸钾在葡糖硫苷酶的作用下转化为异硫氰酸烯丙酯。因为这种物质是辛辣的主要成分，所以磨碎后的块茎山葵菜会显得特别辛辣。

块茎山葵菜即使被虫子咬食，也会流出汁液，并产生带有辣味和香味的异硫氰酸烯丙酯。如果磨得够细，它的汁液就能充分释放出来，从而加速黑介子硫苷酸钾和葡糖硫苷酶的反应，生成更多的异硫氰酸烯丙酯。因此，块茎山葵菜的辛辣和香味会更加浓郁。

至于为何说"可以用鲨鱼皮来磨"，是因为鲨鱼皮的质地既细腻又多孔，非常适合用来磨制块茎山葵菜。所以，制作块茎山葵菜磨碎器的设计常常模仿鲨鱼皮，以求达到最佳的研磨效果。

在食用芥末时，我们通常会搭配酱油，这是因为酱油中的盐分能够增强葡糖硫苷酶的活性，进而使芥末的香气和辛味更为浓郁。一旦芥末与酱油相结合，它的辣味就会得到显著提升。特别是当我们往新鲜磨碎的块茎山葵菜中加入酱油时，其辛辣味几乎会翻倍。这背后的原理在于盐能够激活葡糖硫苷酶，而这种酶则能将黑介子硫苷酸钾转化为带有辛辣味的物质。

块茎山葵菜确实可以在田间种植，但当它生长在田地里时，由于它自身产生的异硫氰酸烯丙酯无法被冲走，这种物质会阻碍根茎的膨大。值得一提的是，块茎山萮菜的叶子和茎同样非常美味。虽然我们通常称之为茎，但实际上它指的是叶子下方的部分，因此也被称作"叶柄"。

　　块茎山萮菜的香味具有独特的抗菌特性，能够抑制霉菌和细菌的增殖。利用这一特点，人们制成了含有块茎山萮菜成分的薄膜，这种薄膜被广泛应用于便当、火车便当、小菜以及节庆料理等食品中，以延长其保质期。虽然有些人对块茎山萮菜香味的抗菌效果表示怀疑，但实验证明，山葵的香味确实具有抑制霉菌增殖的效果。我们可以准备两个密封容器，分别放入容易发霉的食物（如饼干）。然后，在一个容器中加入带有强烈香味的块茎山萮菜浆，而另一个容器则不加。将这两个容器放置在温暖的地方，几天后，未加块茎山萮菜浆的容器中的食物会开始发霉，而加入块茎山萮菜浆的容器中的食物则相对不易发霉。

被用作"火灾报警器"的香气

火灾警报器会通过发出警报声来提醒大家注意火灾。然而,随着人口老龄化的加剧,听不到或很难听到警报声的人越来越多。据说,日本目前已有 34 万人失聪或患听力障碍。仅仅依赖警报声音来通知火灾显然是不够的,我们需要一种更为有效的火灾报警器,以确保那些听力不佳的人也能被及时通知。

为了满足这一需求,一种能发出"香气"的火灾报警器诞生了。当报警器感应到火灾时,它会从小孔中释放出一种刺激性香气。这种香气是通过装在喷雾器中的香水产生的,而这种香气的味道,正是块茎山葵菜的味道。

制造这种火灾警报装置的团队在 2011 年获得了"搞笑诺贝尔奖"。这个奖项于 1991 年在美国设立,专门颁给那些既幽默又富有洞察力的独创性研究。"搞笑"其实是一个反语,意味着这个奖项实际上是对颠覆人们常识与认知的研究的肯定和认可。因此,搞笑诺贝尔奖也被大家戏称为"另类诺贝尔奖"。

　　有趣的是，块茎山萮菜的花语是"唤醒"。但花语并不是选择块茎山萮菜香气作为火灾报警器的原因。在选择块茎山萮菜之前，团队曾试验过多种气味，只为找到那种能最安全、最有效地提醒人们的香气。

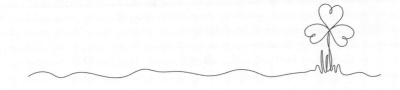

辣味各有不同

辣味并不仅限于块茎山薪菜才有,它也是众多植物的共同特征。在此,我们将探讨山椒、萝卜、辣椒、胡椒、姜、水蓼的辣味。

山椒,属于芸香科,据说其原产地是日本,在英语中被称为"Japanese pepper"。这里的"pepper"实际上是指胡椒,因此这个名字意味着"日本的胡椒"。山椒的嫩叶虽小,却能散发出强烈的香气。这种香气不仅有助于植物抵御病原菌的感染,还能防止被昆虫等咬食。此外,这些叶子在日本料理中也是常见的食材,可以加入炖煮的菜肴中,或作为汤的点缀,甚至制作成"凉拌叶子菜"(一种传统的日式凉拌菜)。山椒因其小而辛辣的特性而备受赞誉,它利用辣味来保护其果实。这种辣味主要来源于花椒麻素和山椒酰胺。这些化合物对我们的身体来说,能够促进胃液分泌,帮助消化,同时还能促进血液循环,带来温暖感。因此,山椒也被广泛用于制作山椒腌鱼和七味辣椒等调味品。

"好辣!"似乎成了萝卜的标志性口感。萝卜属于十字花科，虽然有其原产地来自欧洲的说法，但尚未有确切定论。在古时的日本，人们把萝卜作为"春之七草"之一。萝卜的辣味能够刺激我们的味蕾，增强食欲，同时也能凸显其他菜肴的美味。然而，对于啃食萝卜叶和根的昆虫来说，这绝对不是一件愉快的事情。萝卜的辣味来源于一种叫做异硫氰酸烯丙酯的物质，这种物质还被认为具有抑制癌症的作用。关于萝卜的口感，有这样的说法：萝卜叶子附近靠上的部分很好吃，但尖头的部分太辣，不好吃。实际上，萝卜的茎和根之间的分界并不十分明确，通常上部被视为茎，下部为根。而萝卜的尖端部分往往会伸长，据说这是因为尖端部分含有更多的辣味成分，以防止被昆虫啃食。

辣椒中的辣味成分是一种叫辣椒碱的物质。与芥末的辛辣不同，吃了辣椒并不会让鼻子感到刺痛，这是因为辣椒碱不是挥发性物质，不会挥发。2008 年，美国华盛顿大学的一个研究小组在七个不同的地点（包括昆虫数量多和少的地区）采集了原产于南美洲热带地区玻利维亚的辣椒（辣椒的原产地），以确定它们所含的辣椒碱数量。结果显示，昆虫数量多的地区的辣椒含有更多的辣椒碱，而昆虫数量少的地区的辣椒几乎不含辣椒碱。昆虫数量多的地区的辣椒碱含量高的原因是昆虫啃咬辣椒果实时，会划伤果实表面，病原体就会从表面进入。病原体进入果实后会繁殖并杀死辣椒种子。辣椒碱可以防止这种情况发生。辣椒碱还具有阻碍病原体繁殖的作用。因此，昆虫多的地区的辣椒含有更多的辣味是为了"自保"。

辣椒是茄科植物，有许多不同品种。有些品种很辣，而有些则不那么辣。比较辣的品种是"鹰爪"，不怎么辣的品种有"万愿寺甜辣椒"和"狮子辣椒"等，甜椒和灯笼椒也是辣椒中不辣的品种。

狮子辣椒简称狮子椒，种植过狮子椒的人会发现：有时即使同一株上结出的果实，其辣味也会有所不同。这是由于植物若在生长过程中承受了更多外界因素的压力，如温度、水分、日照等，就会变得更辣。这种辣度的增加，正是植物对外界压力的一种自然反应。据说，在温度、水分和日照等条件良好的情况下，长势良好的狮子椒辣味较淡；而在高温、干燥或光照不足的情况下，狮子椒会感受到压力，并因此变得更辣。

被精心培育的狮子椒是否味道更加浓郁呢？同一株植物的不同部分在日照方面可能略有差异，但不同部分在温度和水分方面不会有差异。即使是同一株植物结的狮子椒，结出果实的时间也会有所不同。因此，由于不同季节的环境因素，如温度、水分和日照等的变化，狮子椒的味道也会有所不同。

胡椒和姜的味道也被形容为"辣"。但是，它们分别属于胡椒科和姜科，在植物学上没有亲缘关系。这两种植物的辣味成分各不相同，胡椒中的主要成分是胡椒碱，而生姜中的主要成分是姜辣素和姜烯。

这些植物通过制造独特的辣味物质，来保护身体不受昆虫和鸟类等动物的伤害，但即便如此，也不能防止所有的虫鸟。有句俗话形容人们的不同口味："也有喜欢吃辛辣水蓼的虫子。"这句话的意思是正如也有喜欢吃辛辣的蓼科植物的虫子一样，人的喜好也是各种各样。水蓼虽然是辛辣的，但也有昆虫喜欢吃水蓼。尽管这句俗话经常被使用，但水蓼的味道却鲜为人知。如果你想知道水蓼是什么味道，可以尝试一下寿司的一角上搭配的小红色植物，那就是水蓼的嫩芽。它有一种刺痛的辛辣味，这种辛辣味可以确保免受这些昆虫的侵害。水蓼的辛辣味是一种名为水蓼二醛的成分。正如俗话所说，虽然不知道是否真的有虫子喜欢那种味道，但讨厌那种味道的虫子应该很多吧。

如何让涩柿子变甜

味道有涩、苦、酸、辣、甜等多种。与人们各不相同的口味一样，不同种类的动物（如昆虫和鸟类）对这些味道的喜恶也有所不同。然而，对于昆虫和鸟类等动物来说，它们最讨厌的味道可能也是我们人类最讨厌的味道。因此，大家都最讨厌的味道可能就是"涩"的味道。有人喜欢酸、辣、甜味，也有人喜欢苦味，然而，我从未遇到过喜欢涩味的人。

这种带有苦味、让舌头麻木的口感，对于众多昆虫和鸟类等动物而言，也应该是一种讨厌的味道。栗子果实便是涩味的典型代表。若想消除栗子果的涩味，只需去掉它的涩皮即可。

与栗子相似，柿子也是一种带有涩味的水果。柿子的涩味很难去除。因为柿子的涩味不像栗子的涩皮那样集中，柿子的涩味是均匀分布于果肉与果汁之中的。正因为如此，涩柿子的果实才不会被昆虫或鸟类所食。但是，随着果实内种子的成熟，即便是涩柿子，其涩味也会逐渐消退，变得甜美。当涩味柿子变成没有涩味的甜柿子时，我们会说涩味褪去了。但实际上，涩味并没有消失。

柿子的涩味和栗子的涩皮都是由于一种名为单宁酸的物质所产生的。当单宁酸融入柿子果肉与果汁之中时，我们称之为"涩柿子"。单宁酸溶解在果肉和果汁中以可溶性形式存在，但与某些物质相互作用时，可能会形成不溶性沉淀。当单宁酸处于不溶性状态时，即使食用含有单宁酸的柿子果肉和果汁，口中也不会感觉到单宁溶解出来，因此人不会感觉到涩味。将溶解在果肉和果汁中的单宁酸转化为不溶性状态，就称为"去涩"。因此，涩味去除后柿子变甜的现象并不意味着柿子的甜度增加了，也不意味着涩味成分——单宁酸消失了，它只是意味着人不再能感觉到涩味，而被涩味掩盖的甜味就变得更加明显。

柿子的两大品种是"富有"和"平无核"。"富有"虽然被称为"甜柿之王"，却仍带有籽。"平无核"因无籽且食用方便，备受青睐。然而，它原本也是涩柿子。近年来，人们已成功开发出人工去除涩柿的涩味的技术，这让广大消费者能够品尝到无涩味的柿子。

吃柿子的时候，有很多人应该都没有意识到"这个柿子原来是涩柿子"。让单宁酸变得不溶于水的物质称为乙醛。或许乙醛这个词听起来有些陌生，但实际上，它在我们生活中相当常见。尤其是对于饮酒的朋友来说，这种物质不可避免。因为酒精在被人体吸收后，会转化为乙醛进入血液，而这正是导致醉酒症状的主要原因。我们常说"喝酒会醉"，其实真正让人醉的是乙醛。它会导致人脸红、心跳加速，甚至出现更严重的恶心和宿醉症状。

涩柿子中的乙醛与果肉和果汁中的单宁酸发生反应，使得单宁酸变得不溶。这种反应让涩柿子的口感变得不再涩。这时柿子果实上会出现"黑芝麻"一样的斑点，这些黑芝麻状的黑点越多，涩味就越弱。

人为使溶解在柿子果肉和果汁中的单宁酸变为不溶性的方法，就是停止柿子果实的呼吸。柿子和我们人类一样，也有吸氧气、释放二氧化碳的"呼吸"过程。当通过人为手段停止这种呼吸时，柿子果实内部便会产生乙醛。

要让涩柿子不再"呼吸"，就要用去涩的技术。柿子也是有生命的，和我们一样，它们会吸入氧气，释放二氧化碳。如果我们人为地让柿子停止呼吸，那么果实中就会产生乙醛。去涩的方法有很多，比如我们可以将涩柿子浸泡在热水中。因为热水会使柿子无法进行正常的呼吸，从而产生乙醛。为什么不用冷水呢？因为温度稍高时，乙醛的生成速度会更快。当然，也可以使用酒精或烧酒来达到去涩的目的。我们只需将柿子会呼吸的部分浸泡在酒精或烧酒中，然后密封起来。这样既能阻止柿子呼吸，又能使柿子在吸收酒精或烧酒的过程中产生更多的乙醛，从而达到去涩的效果。

另外，有时候人们也会把涩柿子放进装满二氧化碳的袋子里。由于这样的袋子里没有氧气，柿子就无法进行呼吸，有时也会在袋子里放入干冰。干冰是气态二氧化碳在低温下冷冻而成的，所以一旦它开始融化，就会释放出二氧化碳。因此，把干冰放进袋子里，和直接充满二氧化碳的效果是一样的。

大家都知道，把涩柿子做成柿饼后，口感会变得甜美。在削去涩柿子的皮并晒干后，果肉的外层会变得坚硬厚实，这样一来，空气就难以进入果实内部，柿子就无法进行呼吸，从而产生了乙醛。

　　近年来，柿子被一些人列为不受年轻人喜爱的水果之一，其中一个原因是它缺乏诱人的香气，另一个原因则是它的皮难以用刀削去。更重要的是，由于单宁酸的不溶性，果肉上会形成像芝麻一样的黑斑。这些黑色斑点使柿子在外观上显得不那么吸引人，因此柿子受到了一些冷落。然而，正是这些黑色斑点，让柿子的涩味得以减轻，使我们能够品尝到它的美味。所以，那些果肉中布满了黑色芝麻状斑点的柿子，其实是非常美味的。

刺激喉咙的味道

竹笋的口感常常被人们形容为"苦涩味"。在字典里，"苦涩味"被解释为一种"刺激喉咙的强烈苦味"。因此，吃竹笋的时候，人们通常会选择将其彻底煮熟，以便消除这种苦涩味。在这个过程中，我们常会加入米糠。据说，当米糠被加入热水后，它能够帮助竹笋中的涩味成分在热水中溶解，其效果甚至能达到没加米糠的热水的数十倍。

此外，为了防止竹笋产生那种刺激的味道，人们通常会说，在烹饪时要在水烧开后才将竹笋挖出来。这是因为使竹笋产生苦涩味的主要成分是一种叫做尿黑酸的物质，而这种物质又是由酪氨酸经过特定反应产生的。在这个过程中，促进与氧气反应的酪氨酸产生尿黑酸的物质被称为"酶"，而这种酶对热不具有耐热性。所以，如果我们在挖出竹笋后立即对其进行加热处理，那么这种酶就不会起作用，也就不会产生尿黑酸。这就意味着，我们吃到的竹笋将不会有那种苦涩的味道。

在日文汉字里，人们所熟知的描述味道的字有很多，比如甜、酸、咸、苦、鲜、辣，还有涩。不过，"えぐみ"对应的日文汉字却鲜为人知，除了表示"强烈刺激喉咙的味道"之外，还有另一层含义，那就是"令人极不舒服的味道"。我还是忍不住去查阅："'えぐみ'这个词对应的日文汉字到底是什么呢？"它对应的汉字是"薟（liǎn）味"。

植物美味新发现

大米的美味

大米，作为我们长期以来的主食，一直承载着填饱肚子的使命。然而，近年来，"美味大米"这一概念的兴起，让人们对大米的要求不再仅限于果腹，还开始进一步追求口感和风味，用一句话来形容就是"好吃的大米"，那么好吃的大米具有怎样的性质呢？我们日常食用的普通大米，通常被称为粳米，意为"坚硬、结实"，这恰恰描述了粳米独特的质地和口感。而在众多粳米品种中，越光米（Koshihikari）是非常具有代表性的美味粳米。

从对大米美味秘密的研究中，我们发现了其中的重要因素。大米富含淀粉，这种淀粉由名为葡萄糖的物质构成，淀粉根据其葡萄糖连接方式的不同，分为直链淀粉和支链淀粉两类。大多数粳米品种的直链淀粉含量在 20%~22% 之间，而备受赞誉的美味大米——"越光米",其直链淀粉含量仅为17%~18%,这一微妙的差异正是其独特口感的关键。

有人或许会质疑,这样的微小差异真的足以影响大米的口感吗?直链淀粉含量低的大米是否真的更美味?事实上,直链淀粉含量较低的大米确实被认为口感和风味更佳,这一点在其他受欢迎的美味大米品种中也得到了印证。近年来,在日本种植面积仅次于"越光米"的是"秋田小町""一目惚"和"日之光"这三个品种,这些品种的直链淀粉含量均约为17%。

然而,关于直链淀粉含量与大米口感的关系,很大程度上还是个人喜好的问题。多数日本人偏好直链淀粉含量低、黏性较高的大米,但也有许多美国人用"sticky"来形容日本的大米,认为不好吃。"sticky"是黏糊糊的意思,表示大米的黏度很高。

前面提到,日本人经常吃的普通大米是粳米,那么,用来做年糕的"もち米"是什么呢?很多情况下,它在日文中写作"餅米",但这是错误的。用于制作年糕的"餅"字,意思是"圆且扁平",是用来指年糕成品的。在成为年糕之前,它不应使用"餅"字。"もち米"的正确写法是"糯"或"糯米"。这个"糯"字包含湿润且有黏性的意思,体现了糯米的特性。

如何让红薯吃起来更美味

我们通常通过烤或蒸等方式来吃红薯，如果生吃，红薯几乎没有甜味。为什么烤或蒸后红薯会变甜呢？

在烹饪之前，红薯中含有大量的甜味物质，即淀粉。此外，红薯中还含有一种叫做 β-淀粉酶的物质。当 β-淀粉酶作用于淀粉时，会生成一种叫做麦芽糖的成分。这种麦芽糖就是能让红薯产生甜味的成分。

然而，在室温等常温条件下，淀粉和 β-淀粉酶不会发生反应。因此，未烤或未蒸的红薯中不会生成麦芽糖，所以红薯也就不甜。

红薯中的淀粉在高温下会变成黏稠的糊状，这种现象被称为"糊化"。这个反应依赖于温度，在 65~75℃时进行得最为顺利。红薯中的 β-淀粉酶不会作用于未糊化的淀粉。当淀粉糊化后， β-淀粉酶会充分发挥作用。这时，甜味成分麦芽糖就生成了，红薯就会变甜。

因此，为了使红薯变甜，首先需要在高温条件下使其淀粉糊化。β-淀粉酶的作用也会随温度变化，而最适温度为

65~75℃，这与糊化的最佳温度相同。低于这个温度时，反应不充分；高于这个温度时，β - 淀粉酶的活性会下降。对于红薯来说，如果内部温度保持在大约70℃，经过长时间缓慢地烘烤或蒸煮，β - 淀粉酶会充分发挥作用，使淀粉糊化并生成麦芽糖。这意味着淀粉被充分分解，产生大量麦芽糖，从而使红薯变甜。

根据红薯品种的不同，除了麦芽糖外，还会生成少量的蔗糖、果糖和葡萄糖。这些物质也会增加甘薯的甜度。在用石头烤红薯时，加热的石头会将热量传递给红薯，使红薯内部温度长时间保持在70℃左右。这就是石烤红薯甜美的原因。

相反地，用微波炉加热时，无法做出美味的烤红薯。这是因为在微波炉中，温度会在短时间内急剧上升，红薯内部保持在大约70℃的时间非常短暂。温度过高时，β - 淀粉酶就会失去作用。

如果说长时间保持在大约70℃是红薯变甜的原因，那么不仅是石烤红薯，蒸煮时保持这个温度也应该会使红薯变甜。确实，蒸煮的红薯会变甜，但不会像石烤红薯那样甜。原因在于蒸煮时红薯含有较多的水分。相反，烘烤时，由于水分蒸发，甜味会凝结。因此，有人说"烤的红薯比蒸的甜"。

有时人们会奇怪："为什么土豆也含有大量淀粉，却做不出像红薯那样甜美的烤土豆？"确实，土豆被制成的松软蒸土豆已经很好吃了，但甜度比不上烤红薯。这是因为土豆中含有的 β - 淀粉酶较少，生成的麦芽糖也少。

水果番茄的诞生

盐对于植物来说，不是为了调味，而是一种为了生存而战斗的物质。然而，植物却能利用它创造出前所未有的新特性。

近年来，番茄与盐的斗争催生出了含糖量高的"水果番茄"。其实，水果番茄并非品种名，而是一种统称，指的是在生长过程中水分较少且含糖量达到 8° 或更高（比普通番茄高出 5°～6°）的带有水果般甜味的番茄。

据说，这种番茄源自日本高知县高知市的德谷地区。1970 年，一场台风导致当地堤坝决堤，海水涌入农田。人们普遍认为蔬菜无法在含盐量高的土地上生长，但事实并非如此。在那片盐分残留的土地上，生长出了小而甜的番茄，这也成了栽培水果番茄的契机。毫不夸张地说，这些甜番茄就是"在盐水中生长"的。

这不禁让人好奇："为什么盐水里生长的番茄会更甜呢？"田地里的盐分残留会阻碍水分的吸收，这也让人疑惑："番茄的根系是如何吸收水分的呢？"实际上，根的吸水能力是基于液体的特性的，即当两种浓度不同的液体相互接触时，它们会努力达到相同的浓度。

根中的糖类、维生素、氨基酸和矿物质等物质也具有这种特性。在正常情况下，根中含有各种物质和能溶解这些物质的液体。当给根系周围的土壤浇水时，根系中物质溶解的液体和土壤中的水会通过根系表皮接触。由于根中的液体通常浓度较高，而土壤中的水浓度较低，因此两者会努力达到相同的浓度。要达到这一平衡，有两种可能：一是根中溶解的物质向土壤中的水移动，使两者浓度相同；二是土壤中的水向根中物质溶解的液体移动，同样达到相同的浓度。

然而，根有一个特性，那就是允许水自由流动，但会阻止根内物质外泄。所以，根里的物质不能进入土壤中的水中。要让两种溶液浓度相等，只能让土壤中的水流向根部。因此，水就是这样进入根部的，这也是根系吸收水分的方式。

一般来说，因为根里溶解了各种物质，所以根内水的浓度通常会比周围环境的高。所以，只要根系周围的土壤中有水，根系就能吸收。当土壤中的水分流向番茄的根部时，根部就能获取到水分。与其说是根在吸水，不如说是水自动进入根部。

如果土壤盐分过高，水就难以进入根部，相反，根部的水会渗出到盐分过高的土壤中，导致根部死亡。

研究还发现，当番茄的生长环境十分适宜，处于茁壮成长而不枯萎的微妙平衡状态时，结出的番茄含糖量会很高。这种栽培方法有时也被称为"节水栽培"。

不寻常的咸味蔬菜

水果和蔬菜通常没有咸味。但最近，一种略带咸味的蔬菜——冰叶日中花——成了热门话题。这是一种不寻常的略带咸味的植物，它原产于南非，据说最早是在日本有明海被栽培的。

由于冰叶日中花在含盐环境中生长，能耐受盐分并吸收盐分生长，因此有人称之为"耐盐植物"和"吸盐植物"。许多植物无法在盐碱环境中生存，因为过多的盐分会影响正常的新陈代谢。而冰叶日中花具有将过多的盐分排出体外的机制，这些盐分会在茎和叶子表面积累，闪闪发光。这些闪闪发光的不是水滴，而是盐分。这就是为什么这种植物又被称为"冰草"，因为它看起来就像结冰的草。

冰叶日中花的英文名称是"crystallin ice plant"（结晶冰草）。该词来源于其透明且闪闪发光的特点，就像叶子和茎表面的水滴一样。

在日本，它的商品名叫"盐叶"或"晶体叶"，因其脆脆的口感也被称为"脆脆菜"；由于它带有盐味，也有人称其为"盐菜"或"潮菜"。

芦荟

第 5 章

植物"防身术"的
秘密

保护身体的功能性成分

"第七营养素"是什么

碳水化合物、蛋白质和脂肪被称为我们生命所需的"三大营养素"。这些物质都是由植物产生的。

碳水化合物是维持生命的主要能量来源。大米、小麦、玉米这三大谷物，以及红薯、土豆（马铃薯）等薯类都含有丰富的碳水化合物。蛋白质是构建肌肉和身体的必需物质，同时也是促进代谢的酶的组成成分。大豆、四季豆、豌豆等豆类富含蛋白质。脂肪可以作为能量的来源，也可以作为细胞膜的成分，还可以作为人体储存能量的物质。它大量存在于芝麻、橄榄、油菜花、向日葵、花生和杏仁等食物中，可用作油。

三大营养素加上维生素和矿物质被称为"五大营养素"，它们在维持人体健康和促进新陈代谢等方面发挥着重要作用。

维生素分为溶于脂肪的脂溶性维生素和溶于水的水溶性维生素，脂溶性维生素有维生素 A、D、E 和 K 四种类型，水溶性维生素包括 B 族维生素（B1、B2、B5、B6、B7、B9、B12）和维生素 C。而矿物质如铁、钙和钾等不是由植物生产的，但植物可以从土壤中吸收它们。我们通过食用鱼类、贝类等可以直接摄入钠和镁，也可以通过食用肉类摄入铁、锌等。还有很多矿物质都是通过蔬菜和水果摄取的。水果或者裙带菜等海藻类中也含有矿物质。这些都是维持身体功能并调节其活动所必需的成分，也是构成骨骼和牙齿等组织的成分。

五大营养素加上膳食纤维被称为"六大营养素"，膳食纤维分为不可溶性和可溶性两种。不可溶性膳食纤维存在于羊栖菜、魔芋和牛蒡等植物中，是无法被消化吸收的营养物质。但它们在促进肠道排毒，调整肠道环境方面发挥着作用。

除了六种常量营养素，最近还有一个词叫"功能性成分"，被称为"第七营养素"，有时也被称为植物化学物质（phytochemical）。"phyto"指植物，"chemical"指化学物质，意思是"植物产生的化学物质"。这类物质包括之前介绍过的花青素、儿茶素和单宁酸等多酚类物质，以及胡萝卜素等类胡萝卜素类物质。如下表所示，已知的物质种类繁多。这些物质的名称经常出现在保健食品目录中。

这些物质不仅保护着植物的身体，也保护着我们这些以同样的结构生活、有着同样烦恼的人类的身体。近年来，人们逐渐认识到，蔬菜和水果中的功能性成分具有提高免疫力和解毒等特殊功能。

表1　功能性成分

抗酸化物质			富含此类物质的蔬菜水果等
石榴籽多酚	类黄酮	槲皮素	洋葱、石刁柏
		芦丁	大豆、荞麦
		木犀草素	回回苏、薄荷、芹菜
	花青素		红酒、茄子、黑豆
	儿茶素		绿茶、红酒
	木酚素	芝麻醇	芝麻
类胡萝卜素化合物	胡萝卜素		胡萝卜、南瓜、菠菜、茼蒿
	番茄红素		番茄、西瓜
	叶黄素		玉米、菠菜
	岩藻黄质		海带苗、羊栖菜、海带
	辣椒红		辣椒
	虾青素		红球藻（藻类）

蔬菜中含有的功能性成分

蔬菜所含的功能性成分有助于保护人类的健康。在本节中，我们介绍一下胡萝卜、南瓜、生菜和西蓝花中的功能性成分。

胡萝卜的可食用部分的颜色是代表性的抗氧化物质——胡萝卜素的橙色。胡萝卜素（caroten）这个名字源自胡萝卜的英文名"carrot"。因此，胡萝卜被称为"胡萝卜素的宝库"或"胡萝卜素之王"。胡萝卜素具有抗氧化作用，但当缺乏维生素 A 时，胡萝卜素还能转化为维生素 A。胡萝卜中富含的胡萝卜素对人类健康有益。

有个关于南瓜的谚语是"冬至吃了不生病"，这要归功于南瓜果实中的橙色胡萝卜素营养成分。在蔬菜供应不足的冬天，日本人常通过食用南瓜来补充胡萝卜素和维生素 C。此外，南瓜还含有被称为"抗衰老维生素"的维生素 E。它具有相当强的抗氧化作用。南瓜还含有一种叫做叶黄素的类胡萝卜素，它也具有强大的抗氧化能力，可以抑制有害的活性氧自由基的活动。

生菜含有一种成分，可以稳定精神并促进睡眠，这个成分叫做莴苣苦素（lactucopicrin），它来源于莴苣属属名"*lactuca*"和希腊语"pikros"（意为"苦或苦味"）。因为这种成分的作用，生菜自古就被认为具有镇静作用、催眠效果""有助于避免外遇""平息爱情之火""缓解头脑疲劳"等功效。

近年来，许多芽苗菜开始在市场上销售。芽苗菜是发芽的蔬菜，是刚发芽的种子在光照下生长而成的。种子在发芽时利用储存的养分制造蛋白质等物质。因此，刚开始发芽的芽菜比种子含有更丰富的营养，也更健康。自古以来就有芽苗菜，如没有经过照射光线便生长而成的豆芽，通过照射光线生长而成的萝卜苗。因此，尽管"芽苗菜"这个陌生的词听起来像是一种新的食品，但其鼻祖是自古以来就有的豆芽和萝卜苗。近年来，可作为发芽菜食用的蔬菜种类有紫苜蓿、芝麻、紫苏、豆苗、荞麦、红甘蓝、芥菜、西蓝花等。其中，西蓝花的受欢迎程度堪称第一。1992 年，美国约翰斯·霍普金斯大学的研究人员发现，西蓝花芽中含有一种名为萝卜硫素的物质。这种物质被认为具有解毒致癌物质和排出致癌物质的功能。

不仅是上面介绍的这些蔬菜，各种蔬菜都含有多种多样的功能性成分。因此，多吃各种蔬菜非常重要。我相信，这些功能性成分在未来会越来越为人所知。

然而，蔬菜种类多固然好，但吃蔬菜的量也很重要。日本人的蔬菜摄入量正在逐年减少。成年人每日推荐摄入量应为 350 克以上。然而，根据 2019 年的数据，日本的人均摄入量为 280.5 克。即使每天应摄入 350 克以上的蔬菜，我们也不清楚应该摄入多少蔬菜量。这就是为什么要开展"每日五餐盘运动"（Five-a-Day）。这项运动起源于美国，意思是一天吃 5 盘蔬菜。

1 盘蔬菜食品大约重 70 克。因此，如果你吃 5 盘，就会摄入大约 350 克。这意味着你每天应吃相当于 5 盘蔬菜的食物。摄入种类丰富的食物很重要，但摄入量也同样重要。

水果中含有的功能性成分

在保护我们的健康方面，水果的作用不亚于蔬菜。在这里，我们介绍枇杷、西瓜、无花果、苹果和香蕉中的功能性成分。

枇杷是一种果肉呈橙色的水果。其色素是类胡萝卜素，主要成分是抗氧化剂胡萝卜素和隐黄质。因此，它可以有效地防止衰老、缓解疲劳和保护视力。枇杷的叶子中也含有维生素和矿物质等对健康有益的成分。因此，与草莓和柿子的叶子一样，枇杷的叶子有时被当作茶来饮用。但是，枇杷的种子和未成熟的果实中含有天然的有害物质。2017 年，日本在用枇杷籽粉末制成的食品中检测出高浓度的天然有毒物质，这导致其产品被回收。日本农林水产省于 2019 年 6 月更新的网页上指出"枇杷的种子和未成熟的果实中含有天然有害物质。听信枇杷籽对健康有益的传言，大量摄取含有有毒物质的食品，可能会危害健康"，提醒人们不要食用枇杷籽和未成熟的果实。

西瓜含有大量的番茄红素和胡萝卜素。这些都是抗氧化物质，具有强大的清除有害活性氧的作用，有助于预防动脉粥样硬化和癌症。据说西瓜特别具有利尿和退热效果，而其促进利尿的成分是"瓜氨酸"。

无花果自古以来就被称为"药树""长生不老的水果"。这是因为无花果中含有大量石榴籽多酚，并富含钾和钙等矿物质。近年来，人们又发现它含有苯甲醛和补骨脂，前者据说有抗癌作用，后者有降血压作用。它还含有鞣花酸，能抑制导致皮肤变黑的黑色素的生成。因此，人们认为无花果有美白效果。

苹果中也含有大量的抗氧化物质——石榴籽多酚，可以消除导致老化和生活习惯病的活性氧。另外，据说苹果中富含的钾能促进多余盐分的排出，有降低血压的效果。其果肉中含有丰富的苹果酸，苹果的酸味就是这种物质造成的。众所周知，苹果有助于缓解疲劳。人们常说苹果洗干净后最好连皮一起吃，不要去皮。这是因为在果皮附近存在果胶，果胶是一种食物纤维，可以改善肠道健康，预防便秘。英语中有一句谚语："一天一个苹果，医生远离我（An apple a day, keeps the doctor away.）。"大意就是说"一天只吃一个苹果，就不会需要去看医生"。

香蕉的果肉和果汁中含有大量的钾，能促进钠的排出并降低血压。另外，它还含有抗氧化物质石榴籽多酚。石榴籽多酚与空气中的氧气接触后会变成深棕色。但是，香蕉如果不被剥皮，这种物质就不会与空气中的氧气接触。因此，香蕉的切口呈黑褐色，是因为果肉和果汁中含有的多酚物质与空气中的氧气发生了反应，这一解释并没有错。但是，更确切地说，果肉和果汁还需要另一种物质才能发生这种反应，这是一种叫做石榴籽多酚氧化酶的物质。这种物质会促进氧气和石榴籽多酚之间的反应，使石榴籽多酚变成深褐色。

埃及艳后的美丽与青春

埃及艳后、杨贵妃和小野小町被誉为"世界三大美女"。杨贵妃是中国唐朝皇帝唐玄宗的妃子。而日本是唯一把平安时代歌人小野小町列入世界三大美女之一的国家。在全球范围内，小野小町似乎已被古斯巴达的王妃或希腊神话中的女神海伦所替代。确切地说，埃及艳后是克利奥帕特拉七世（公元前 69 年至公元前 30 年），她作为埃及托勒密王朝的最后一任法老活跃在历史舞台上。据说她"凭借美貌，俘获了罗马帝国恺撒和安东尼这两位英雄的心"，她的美貌是一个巨大的武器，以至于有人说："如果埃及艳后的鼻子再低一点，世界的历史就会被改变"。

关于埃及艳后以及其他几大美女是否真的是美人存在争议，不过，美丽的标准很难界定，不同时期人们心目中的美丽形象也会发生变化，所以我就不多说了。

埃及艳后之所以如此美丽的一个重要因素在于她的皮肤。据说她为了保持美丽和年轻，在美容方法上付出了巨大的努力。我们不知道埃及艳后的时代是否有美容的概念，但据说有几种植物为她的美丽做出了贡献。下面介绍六种。

第一种是朱槿。这是一种锦葵科植物，主要分布在印度和中国南部。但它也是美国夏威夷州的州花，以及马来西亚的国花。日本栽培了很多用于观赏的朱槿园艺品种。很久以前，在日本，朱槿是生长在冲绳的鲜红色的花。埃及艳后常通过喝朱槿茶来保持美丽和青春，据说这就是她保持美丽的原因之一。朱槿花茶看起来有点新潮，它利用了朱槿花鲜红的花色素容易溶于热水的特性。这种鲜红色的色素是花青素，是抗氧化物质石榴籽多酚的一种，具有抗衰老的功效。除花青素外，朱槿茶还含有维生素 C、柠檬酸和钾，有益于健康和美容。

第二种是玫瑰。埃及艳后非常喜欢这种花的香气，据说她曾将玫瑰花和花瓣撒在她宫殿的走廊和房间里，使房间里弥漫着玫瑰花的芬芳，她会用漂浮的花朵和花瓣进行玫瑰浴，这让她的肌肤始终保持着青春的状态。玫瑰浴的香味由多种香味成分组成，包括香叶醇、香茅醇和芳樟醇等。这些成分具有抗菌和保湿的功效，据说还有让人放松的作用。

第三种是芦荟。这是一种属于百合科的多肉植物，原产于非洲。虽然仙人掌的外形与芦荟相似，都生长在类似的炎热干燥环境中。但仙人掌是仙人掌科植物，与芦荟属于不同的科。芦荟的身体破损或受伤时，会有一种黏糊糊的苦味液体流出。苦味的主要成分是芦荟甙，这种液体具有药用价值，因此芦荟被认为"有了它就不需要医生"。芦荟甙还有很强的杀菌作用，据说将芦荟液涂抹在伤口上就能起到杀菌作用。芦荟液还以其保持容颜的功效而闻名，并对皮肤起保湿作用。

据说，埃及艳后会将芦荟液涂满全身，以保持她传说中的美貌，而芦荟液保护了埃及艳后的美丽肌肤，使其免受埃及强烈阳光的伤害。它能刺激胶原蛋白和透明质酸的产生，有助于保持皮肤紧致、改善松弛和保持弹性。芦荟有几百个品种，其中最受埃及艳后喜爱的是库拉索芦荟（Aloe vera），"vera"在拉丁语中是"真正的"的意思。芦荟可用于制作果汁和酸奶。日本的家庭中通常栽培的芦荟是一种叫木立芦荟的品种，得此名的原因是因为它像站立的树一样生长。

第四种是长蒴黄麻。这种植物属于锦葵科，原产于埃及。传说很久以前，埃及国王得了原因不明的病，就是用这种蔬菜治好了病。因此，它被称为"国王的蔬菜"。日本从 20 世纪 80 年代开始栽培这种新型蔬菜。其特征是叶子含有黏糊糊的液体。它的叶子被誉为"维生素和矿物质的宝库"，营养丰富，长蒴黄麻也被誉为"蔬菜之王"。

这种植物的叶子切碎后会变得黏糊糊的。据说埃及艳后喜欢喝长蒴黄麻汤。在埃及和她生活过的阿拉伯半岛，人们自古以来就经常食用长蒴黄麻。传说中，它的高纤维含量能刺激肠胃蠕动，保持皮肤美丽。这种蔬菜汤富含维生素 E，而维生素 E 被称为"返老还童的维生素"。因此，长蒴黄麻很有可能为埃及艳后的美丽提供了支持。

第五种是芝麻。芝麻的学名是 *Sesamum indicum*，虽然被认为是原产自印度，但也有人认为芝麻起源于非洲。它是芝麻科植物，从中国传入日本。人们在绳文时代的考古遗址中发现了芝麻的种子，因此认为芝麻的历史相当悠久。芝麻于奈良时代开始在日本种植，并于平安时代被用于食用。

芝麻在印度被称为"万能药"，在中国被称为"长寿药"。据说支撑埃及艳后光洁肌肤的秘密之一就是芝麻。埃及艳后为了美容经常食用芝麻，并在全身涂抹芝麻油。芝麻含有大量具有抗衰老作用的维生素 E 和抗氧化物质芝麻素、芝麻醇。这些物质具有降血压、改善肝脏功能的作用，还具有预防衰老、滋润皮肤的功效，它们都是抗氧化剂，可以防止油脂与氧气反应而导致变质。因此，芝麻可以保存很长时间。此外，芝麻油即使长时间用于油炸食物，也不会失去风味。

第六种是颠茄。虽然真实性不明，但据说埃及艳后曾使用茄科植物颠茄的果实精华使眼睛变大。自古以来，不仅是埃及艳后，许多女性都曾使用颠茄来让自己的眼睛看起来更漂亮。特别是文艺复兴时期的意大利女性，她们将这种植物的汁液用作眼药水。颠茄（*Atropa belladonna*）的名字在意大利语中是"美丽"（bella）和"女人"（donna）的意思，它原产于西亚至欧洲地区，属名"*Atropa*"源自希腊命运女神阿特洛波斯（Atropos）。因此，这种植物被称为"美丽的女士"。颠茄并不常见，只在一些草药植物园中才能看到，所以很少有人了解这种植物。许多人会从美丽女性或美丽贵妇人的含义中，想象出它是一种开花绚丽的植物。然而，颠茄花并不那么大，也不繁茂或美丽。这种植物属于茄科，所以它的花和茄子的花很像。

制造基因组编辑番茄

2021 年 9 月 15 日，番茄作为日本第一种"基因组编辑食品"上市，成为热门话题。这种番茄通过基因组编辑的技术，将 γ- 氨基丁酸（GABA）的含量提高了原来的四到五倍。

"基因组"一词是指亲本传给子代的整套遗传信息，包括决定生物体形状和特性的基因。"基因组编辑"指人类对基因组中的特定基因进行修改，使其发挥更强的作用，或者使其失去某些作用的行为。基因决定生物体的性质和形状，因此通过基因组编辑对基因进行修改，就能改变生物的性质。它可以使生物体产生更多的有用特质，或更少的不利特质。

富含 GABA 的基因组编辑番茄被设计成能产生更多的GABA。GABA 全称 γ-aminobutyric acid，这种物质会在番茄受到压力（例如缺水）时增加。在人体内，GABA 也能减轻压力，起到放松的效果，还能抑制血压上升。因此，人们利用最先进的基因组编辑技术，创造出了能产生更多这种物质的番茄。

在番茄中，有一种基因可以调节抑制GABA的大量产生，而通过基因组编辑，这种基因就失去了活性。因此，GABA被大量生产出来。

利用基因组编辑技术，培育出具有新性质的品种，并将其用于食品，这就被称为"基因组编辑食品"。而转基因植物是指改变了生物体特性的植物，这与基因组编辑食品有很大区别。转基因植物主要指利用从外部插入其他生物的基因，改变植物的性质。相比之下，基因组编辑食品是通过操作该生物体内原有的基因来改变其特性，而不是使用其他生物的基因来改变其特性。因此，基因组编辑番茄是通过改变番茄原有的基因来改变其特性。这与过去利用基因突变进行品种改良的方法相同。因此，基因组编辑番茄在技术上被认为是安全的。

然而，即使是这样，这种"安全"能否让大多数消费者认为"放心"，也还是另一码事。因为是用全新的技术制造出来的东西，人们难免会担心"可能会有意想不到的情况发生"。幸运的是，这种番茄已经向日本政府部门进行了申报，并且以"基因组编辑食品"的标识进行销售了。

不会让人流泪的洋葱

如果你手里拿着洋葱，目不转睛地盯着它看，你并不会流泪。但是，当切洋葱时，你的眼泪就会流出来，因为这时洋葱会产生一种挥发性催泪物质。而洋葱在被切开之前，不会产生这种物质。洋葱中虽含有这类物质的原料成分和将其转化为挥发性催泪物质的成分。但是，这两种物质在洋葱未被切开时是分离的，因此它们不会发生反应，也不会产生催泪物质。当你切洋葱时，这两种物质会接触，产生挥发性的催泪物质。一直以来，人们认为使原料成分转化为挥发性催泪物质的成分是蒜氨酸酶。

但是，2013 年的搞笑诺贝尔奖获得者发现，"光靠蒜氨酸酶不能制造挥发性催泪物质，只能产生中间物质"。挥发性催泪物质的生成机制被分为两个阶段：在第一阶段，蒜氨酸酶发挥作用，产生中间物质；第二阶段，另一种叫做"催泪因子合成酶"的物质起作用，生成催泪成分。可以认为，没有这种物质的作用，洋葱就不会产生催泪成分。因此，研究人员使用了基因导入的技术，阻止了第二阶段的催泪因子合成酶的作用，最终，培育出了即使切碎也不会使人流泪的洋葱。

但是，由于使用了基因导入技术，这种洋葱必须通过安全性审核等程序，所以最终未能上市。然而，如果蒜氨酸酶在第一阶段不起作用，也肯定不会产生催泪成分。因此，研究人员培育了能在第一阶段使蒜氨酸酶不起作用的品种。如果没有蒜氨酸酶的作用，洋葱就不会产生中间物质，之后的第二阶段反应也不会进行，最终也就不会产生催泪成分。因此，这样的洋葱切开后也不会使人流泪。

2015 年 3 月，有消息称研究人员成功培育出了新的"不会让人流泪的洋葱"。这种洋葱未使用基因导入技术，因此能够上市销售。2015 年，这种洋葱以"微笑球"的名字首次在市场上销售。每年秋天，这种"不会让人流泪的洋葱"都会上市，并成为公众热议的话题。

摘掉也没关系——顶端优势

让采摘花朵变得轻松愉快

我们常常会因为被花的颜色、香气和美丽的姿态所吸引，而摘下花朵或把它们制成切花。把植物好不容易开出的花剪掉，我们就好像夺走了它们生命的光彩，这有时会让人感到非常难过。然而，植物并不像我们一样因为花被剪掉而心痛。因为植物具有一种隐秘的力量，即使花被切掉，它们也能重新生长，重新焕发生机。

这种力量源于一种被称为"顶端优势"的特性。凡是生长的植物，其茎的顶端都有芽，这些芽被称为顶芽，在"芽"字后面加上"顶"，意为最顶端。在植物中，顶芽的生长尤为显著。然而，如果仔细观察茎就会发现，还有一些芽不仅长在茎干的顶端，还长在顶端以下，即叶片的基部，这些芽被称为侧芽。

通常，这些侧芽不会迅速生长，只有顶芽迅速生长。植物的这种特性被称为顶端优势。顶芽的生长势头强劲，相对于侧芽的生命更旺盛。由于这种特性，在幼苗萌发时，顶芽会不断生长，接连展开新的叶子。

采摘或剪下的花朵通常位于顶芽的位置，菊花和向日葵就是典型的例子，它们的花朵位于茎的顶端。当顶芽开花时，我们如果将开花的茎切掉制成切花，剩下的茎下方还残留着几片叶子。这些叶子的基部有一个芽，叫做侧芽，当顶端的花和茎被切掉后，最上面的侧芽就会成为新的顶芽。

于是，由于顶端优势的特性，这些芽就开始迅速生长。作为侧芽时，这个位置已经形成一个花蕾，现在由于顶芽的存在而无法生长的花蕾就会开花。如果是开花的季节，那个新的顶芽会重新长出一个花蕾，然后开花。即使顶端的花被摘掉或被切成切花，剩下的植株上最顶端的侧芽也会长出顶芽并继续开花。

了解这一点后，我们在摘取或切取花朵时就不会那么心痛了。这就是人们认为"植物并不太在意花被摘或被剪"的原因。切掉顶芽的花实际上是给那些原本被抑制的侧芽提供了成长的机会，让侧芽也有机会开放。如果顶芽的花没有被切掉，这些侧芽可能终其一生都无法充分绽放。

我们可以这样思考，把剪下的花朵用在有价值的地方，而不是浪费掉，就能从痛苦的心情变成愉快的心情。被切下的花和枝条也应该会感到高兴。

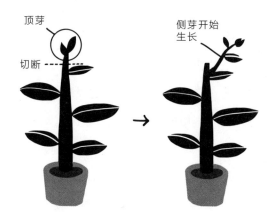

顶芽

切断

侧芽开始
生长

野菜之王是如何进入市场的

野菜有很多种，如蕨、紫萁、蜂斗菜等。在众多野菜中，被称为"野菜之王"的野菜是五加科楤木的嫩芽。楤芽是春天楤木树枝尖上萌发的嫩芽，可以作为天妇罗食用。

不过，楤芽只是长在楤木枝条顶端的嫩芽上，因此每根枝条上只有一个，数量少且珍贵。正因为如此，它才显得特别有价值。

然而，近年来蔬菜店里也有楤芽出售。这些楤芽并不是从山上采集到市场上的珍贵楤芽，而是人工培育出来的。问题来了：楤芽究竟是如何培育出来的？

其实，楤芽的栽培方法巧妙地利用了顶端优势这种特性。楤木的枝条上也有侧芽，每根枝条上都有许多芽。不过，由于顶芽占优势，作为野菜食用的楤芽只在顶端发芽。

因此，人们会将枝条切成小段，如果一根 1 米长的枝条上有 10 个芽，就把枝条分段剪开并进行修剪，使每段小枝条末端始终有一个芽点。这样人们就得到了 10 段各有一个芽点的小枝条，然后再进行栽培。

这样，每个芽都会成为顶芽，由于顶端优势，春天时这些芽会萌发出来。楤木发芽所需的营养，都包含在楤芽下的剪枝中。这些萌发出来的楤芽被采摘后，就能上市销售了。

为什么豆苗可以再生呢

这里的"豆"指的是豌豆，"苗"指的是从豌豆上发芽的芽。

因此，豆苗指的是我们食用的发芽豌豆的叶子和茎。许多豆苗都是在植物工厂中水培种植的，就像培育萝卜等植物一样。在 20 世纪 90 年代，这种栽培方法在日本推广开来。

豆苗即使被收割过一次，也会再次生长。这是基于顶端优势的特性。看看豆苗的样子，豆苗的顶芽迅速生长，茎最上端的芽长势喜人。

收获豆苗时，我们会切掉豆苗茎的上部，这意味着顶芽被去除了。这样，此刻最顶端的侧芽变成顶芽，并根据顶端优势的特性开始生长。顶芽下面如果有叶子，叶子的基部就会萌生一个芽，它会重新生长，这样即使豆苗被收割一次，它还会再次生长。但是，如果人们切得太低，切到接近根部并且不留任何叶子，那么即使是豆苗，也无法再次收获。因此，食用豆苗时，应在根部以上留两片叶子再进行切割。这样下面就会发芽（因为下面可能还藏着芽），且芽下方还有含有营养的豆子，这些营养会促使茎和叶子继续生长。

许多植物天生就会被其他生物吃掉。因为人类不仅要填饱肚子，还想要健康生存，就要食用并依赖植物所产生的物质。如果植物讨厌被吃，完全拒绝被吃，包括我们人类在内的地球上的所有动物都无法生存下去。

植物也并不希望发生这样的情况。许多植物依靠蜜蜂和蝴蝶来传粉，以便繁衍后代。为了迁移到新的生长区域，获得新的生长地，它们会让动物散播种子。因此，植物掌握了"被吃一点也没关系"的秘诀，这就是顶端优势机制。

顶端优势是所有植物共有的特性。因此，除了蔬菜外，其他植物被园丁修剪后很快也会再次长出新芽。这也是杂草被割掉后会立即发芽的原因。

保护身体的物质

防止被吃光的物质

植物注定要被吃掉。如果植物真的完全拒绝被吃掉的话，所有的动物都会饿死。因此，植物可能"被吃掉一点也没关系"。话虽如此，但植物并不能被完全吃光。因为，许多植物含有有毒物质，以防止被随意或大量食用。

喜欢植物的人往往不喜欢听到植物含有有毒物质的故事。然而，很多植物为了不让自己被吃光，都具有有毒物质，有些甚至有剧毒并被人熟知。有人如果怀疑这一点，试着吃身边不知名的植物，很可能会引起恶心或腹泻。所以，千万不要这样做。

无论毒性强弱，也无论是否知名，很多植物为了不被吃光，都有一定的有毒物质。它们在保护自己身体的同时，也在与我们人类和其他动物共存共生。

有些具有有毒物质的植物会不断产生毒素，而有些植物只有在重要的时候或需要保护自己的时刻才会产生毒素。例如，土豆在发芽时会产生一种叫做龙葵素（又称茄碱）的有毒物质。因此，我们知道土豆发芽后不能吃。

　　此外，长蒴黄麻营养非常丰富，它的叶子我们吃多少都可以。其营养价值甚至超过了菠菜和小松菜，对人的健康非常有益。但是，长蒴黄麻开花结籽后就不能吃了。这是因为，它开花和结籽的部分会产生一种叫做毒毛旋花子甙元的有毒物质。菜市场和超市出售长蒴黄麻的叶子是完全安全的，但如果您在自家花园里种植这种植物，就必须小心，除了叶子以外，不要吃花或种子。

　　1996 年 10 月，在日本长崎县，有 5 头牛吃了长蒴黄麻结有果实的枝条，其中 3 头死亡。此后，人们才知道这种植物的花和种子含有有毒物质。

　　就这样，植物通过这种方式来保护自己——被吃掉一点没关系，但不能被完全吃光。植物在需要保护自身的情况下准确地生成这种物质，它们探索着既能与人类友好共生，又能实现自我生存的平衡之道。

保卫领地的武器

植物要保卫它们生长的区域，即它们的领地。它们不允许其他种类的植物在其领地内发芽或生长。为此，植物会散布某种物质，以阻止其他植物入侵。这种现象被称为植化相克，又叫做他感作用，引起这种现象的物质被称为化感物质。

使这种物质出名的是一种外来入侵植物——加拿大一枝黄花。20世纪中期，这种植物在日本的野外和空地肆意生长。大家都觉得不可思议："为什么这种植物能如此繁茂？"对此，主要有三种解释。

第一个原因是，因为它是外来入侵植物，在日本没有天敌或病虫害。这种植物原产于北美洲，据说在20世纪初期传入日本，但没有确切的理论依据。然而，作为外来入侵植物，它在日本确实没有天敌或病虫害，这是其肆虐生长的原因之一。据说美国人来到日本后，看到这一景象，被其茂盛的景象惊呆了。

表 2　具有代表性的化感物质

植物	作用物质
高大一枝黄	顺脱氢母菊酯（cis-dehydromatricaria ester）
黑胡桃	5- 羟基对萘醌（juglone），俗称"胡桃素"
白及	1,4- 二［4-（葡萄糖氧）苄基］- 2- 异丁基苹果酸酯（Militarin），俗称"虫草素"
万寿菊	α - 三联噻吩（α -Terthiophene）
格力豆	香豆素（Coumarin）
竹柏	竹柏内酯（Nagilactone）
西瓜	水杨酸（Salicylic Acid）
桃	苦杏仁苷（Amygdalin）
石刁柏	1,2- 二噻戊环 -4- 羧酸（Asparagusic Acid）
燕麦	东莨菪内酯（Scopoletin）
大麦	芦竹碱（Gramine）
稻	莫米内酯（Momilactone）
赤松	反式 -4- 羟基肉桂酸（p-Coumaric acid）
长柔毛野豌豆	氰胺（Cyanamide）

　　第二个原因是，这种植物的花期很长，从 9 月到 12 月，而且会结出很多种子。据说一株植物能产生数万个种子，也有说法是一株生长良好的植物，约有 27 万粒种子被风吹走。也许有人会想："几万个和 27 万个，差距太大了吧？"然而，这种植物是杂草，如果生长在养分充足的土地上，就会长成

大株，相反，如果它生长在不肥沃的土地上，植株就不会长这么大，因此结出的种子数量也会不同。但无论如何，它们都会产生大量种子。

第三个原因是，这种植物成丛生长，而且很高，因此其群落内部光线昏暗，许多需要光照才能发芽的杂草种子难以发芽和生长。有一个词叫"成群结队"，它指的是一群志同道合的人聚集在一起，联合起来试图做某件事情。植物不太可能形成一个小团体，但它们确实会形成紧密的群落，使其他植物无法进入它们的领地。

这三种特性结合起来，就能理解为什么加拿大一枝黄花能如此疯狂地茂盛生长。然而，进一步的研究揭示了这种植物抑制其他植物发芽和生长的秘密。这种植物会产生一种叫顺 - 脱氢菊属香豆酯的物质，并散布在周围。这种物质能抑制其他植物的种子发芽，杀死已经发芽的幼芽并抑制其生长。因此，这种植物周围不会有其他植物生长。

这种具有类似功能的物质被统称为化感物质，这些物质是保护它们领地的武器。不仅是加拿大一枝黄花，该植物群中的许多其他植物都会利用化感物质。

保卫身体不生病的植保素

就像我们不想生病一样，植物也不希望生病。植物也会患上许多疾病，如白粉病、疱锈病和霜霉病等。因此，植物会通过各种机制来保护自己免受霉菌、细菌和病毒等病原体的侵害。动植物的身体都是由细胞构成的。植物细胞与动物细胞的主要区别之一是，植物细胞的周围有一层坚硬的细胞壁。而且，为了保护自身，植物叶子的表面通常会覆盖一层被称为角质层的蜡状物，使得植物的叶子表面看起来有光泽，这可以保护它们免受病原体的侵害。

但是，病原体会打破防御墙，或者从防御墙的缝隙侵入。如果病原体成功入侵植物体，植物会表现出非常敏锐且令人惊讶的反应。因入侵而受损的细胞很快就会自行死亡。

通过自我牺牲，死去的细胞将侵入其体内的病原体封锁在自己的尸体内。此外，当植物细胞死亡时，它会向周围的细胞发出信号，告知它们"病原体已入侵，要开始制造能够打败病原体的物质了"。周围的细胞接收到信号后，便会开始制造对抗病原体的物质，这种物质被称为"植保素"

（Phytoalexin）。在希腊语中，"phyto"一般用于表达"植物"的前缀，"alexin"是"防御物质"的意思，而"phytoalexin"是"植物产生的防御物质"。根据植物的不同，这种物质有很多种。例如，土豆有大豆卵磷脂（Lecithin），红薯有甘薯黑疤霉酮（Lpomeamarone），豌豆有豌豆素（Pisatin），大豆有大豆素（Glyceollin），菜豆有菜豆蛋白（Phaseollin）。不同种类的植物各自巧妙地生成独特的"防御物质"，植物真是名副其实的"化学家"。

表3　为人熟知的植保素

植物	植保素
土豆	大豆卵磷脂（Lecithin），块茎防疫素（Phytuberin）
番茄	大豆卵磷脂（Lecithin）
烟草	椒二醇（Capsidiol）
红薯	甘薯黑疤霉酮（Lpomeamarone）
菜豆	菜豆蛋白（Phaseollin）
大豆	大豆素（Glyceollin）
豌豆	豌豆素（Pisatin）
稻	稻瘟病毒素（Oryzalexin），樱花亭（Sakuranetin）
高粱	甲氧基芹菜素（Methoxyapigeninigin）
白菜	芸苔宁（Brassinin）
胡萝卜	6-甲氧基蜂蜜曲菌素（6-Methoxymellein）
红花	红花炔二醇（Safynol）

为什么吃菠萝会让舌头刺痛

菠萝吃多了舌头会有刺痛的感觉。这是因为菠萝中含有两种物质。

首先，菠萝含有一种叫菠萝蛋白酶的物质，它能分解蛋白质。人的舌头表面之所以会有一种滑溜溜的感觉，是因为舌头表面覆盖着含有蛋白质的液体。但是，如果菠萝吃得太多，舌头上的蛋白质就会被菠萝蛋白酶溶解掉。因此，吃的东西会直接接触舌头，舌头会变得敏感。

其次，菠萝含有一种叫草酸钙的物质。这种物质在显微镜下看起来像针一样带有刺。舌头表面的蛋白质被溶解后，舌头变得敏感，草酸钙直接接触其表面时，舌头就会有刺痛感。

猕猴桃吃多了舌头也会有刺痛的感觉，因为猕猴桃含有猕猴桃碱（这种物质能分解蛋白质），同时也含有草酸钙。

菠萝和猕猴桃之所以含有这些物质，是为了保护自己不被虫子和病原菌吃掉。据说在众多水果中，菠萝和猕猴桃保护自己不被虫子和病原菌吃掉的能力最强。

参考文献

［1］W.Galston「Life processes of plants」Scientific American Library 1994

［2］F.Wareing & I.D.J.Phillips（古谷雅樹監訳）「植物の成長と分化」〈上・下〉
学会出版センター 1983

［3］田中修「緑のつぶやき」青山社 1998

［4］田中修「つぼみたちの生涯」中公新書 2000

［5］田中修「ふしぎの植物学」中公新書 2003

［6］田中修「クイズ植物入門」講談社 ブルーバックス 2005

［7］田中修「入門 たのしい植物学」講談社 ブルーバックス 2007

［8］田中修「雑草のはなし」中公新書 2007

［9］田中修「葉っぱのふしぎ」SB クリエイティブ サイエンス・アイ新書
2008

［10］田中修「都会の花と木」中公新書 2009

［11］田中修「花のふしぎ 100」SB クリエイティブ サイエンス・アイ新書
2009

［12］田中修「植物はすごい」中公新書 2012 田中修「タネのふしぎ」SB クリ
エイティブ サイエンス・アイ新書 2012

［13］田中修「フルーツひとつばなし」講談社現代新書 2013

［14］田中修「植物のあっぱれな生き方」幻冬舎新書 2013

［15］田中修「植物は命がけ」中公文庫 2014

［16］田中修「植物は人類最強の相棒である」PHP 新書 2014

［17］田中修「植物の不思議なパワー」NHK 出版 2015

［18］田中修「植物はすごい 七不思議篇」中公新書 2015

［19］田中修「植物学『超』入門」SB クリエイティブ サイエンス・アイ新書
2016

［20］田中修「ありがたい植物」幻冬舎新書 2016

［21］田中修・高橋亘「植物栽培のふしぎ」B&T ブックス 日刊工業新聞社
2017

［22］田中修「植物のかしこい生き方」SB 新書 2018

［23］田中修「植物のひみつ」中公新書 2018

［24］田中修「植物の生きる『しくみ』にまつわる 66 題」SB クリエイティブ
サイエンス・アイ新書 2019

［25］田中修「植物はおいしい」ちくま新書 2019

［26］田中修「日本の花を愛おしむ」中央公論新社 2020

［27］田中修「植物のすさまじい生存競争」SB ビジュアル新書 2020

［28］田中修・丹治邦和「植物はなぜ毒があるのか」幻冬舎新書 2020

［29］田中修・丹治邦和「かぐわしき植物たちの秘密」山と渓谷社 2021

［30］田中修「植物のいのち」中公新書 2021

［31］田中修「植物 ないしょの超能力」小学館 2021